Bernard Kipsang Rop

Revisão da Geologia Aplicada ao Petróleo e aos Recursos Geotérmicos, Quénia

Bernard Kipsang Rop

Revisão da Geologia Aplicada ao Petróleo e aos Recursos Geotérmicos, Quénia

ScienciaScripts

Imprint
Any brand names and product names mentioned in this book are subject to trademark, brand or patent protection and are trademarks or registered trademarks of their respective holders. The use of brand names, product names, common names, trade names, product descriptions etc. even without a particular marking in this work is in no way to be construed to mean that such names may be regarded as unrestricted in respect of trademark and brand protection legislation and could thus be used by anyone.

Cover image: www.ingimage.com

This book is a translation from the original published under ISBN 978-620-5-52382-7.

Publisher:
Sciencia Scripts
is a trademark of
Dodo Books Indian Ocean Ltd. and OmniScriptum S.R.L publishing group

120 High Road, East Finchley, London, N2 9ED, United Kingdom
Str. Armeneasca 28/1, office 1, Chisinau MD-2012, Republic of Moldova, Europe
Printed at: see last page
ISBN: 978-620-7-85366-3

Conteúdo

Tópicos gerais sobre este livro
Prospectividade do petróleo e do gás no noroeste do Quénia

Resumo

Este é um estudo geral das implicações geológicas, características tectónicas e estudos estratigráficos de subsuperfície das bacias do Cretáceo-Terciário do sistema de riftes do noroeste do Quénia (Lotikipi, Lago Turkana, Lokichar-Kerio e Chalbi). As bacias evoluíram em consequência de uma atividade tectónica de extensão complexa relacionada com o rifting continental e as falhas em bloco dos sistemas de riftes Lamu-Anza e Centro-Africano, provocadas pelo rifting continental como parte da grande rutura da Gondwanaland no Paleozoico tardio, e continuaram no Mesozoico e no Terciário. Este movimento foi acompanhado por um derramamento estupendo de fluxos de lava. Os mapas de anomalias gravitacionais e os perfis sísmicos foram muito úteis para as interpretações incorporadas neste livro, que revelaram a presença de vários sistemas estruturais do tipo horst e graben, determinaram o sistema de falhas e a profundidade do subsolo e previram zonas petrolíferas favoráveis. Também foi revelado que as bacias atraíram potenciais pilhas sedimentares petrolíferas (~2000 - 5300m de espessura) que foram depositadas em rochas do embasamento de idade pré-cambriana. Posteriormente foram cobertas por fluxos basálticos de idade maioritariamente Miocénica. Os testemunhos de perfuração estavam disponíveis para os poços: LT-1 e LT-2 nos sistemas das bacias de Lokichar e North Kerio-Turkana (Terciário) e C1, C2 e C3 na bacia de Chalbi (Cretáceo). A bacia noroeste de Lotikipi (Cretáceo?) ainda não foi perfurada. Comparando as litologias destes poços, os estratos em que se registaram mostras de petróleo e/ou gás foram ainda caracterizados à luz da matéria orgânica e de outros parâmetros sedimentológicos, a fim de compreender as associações fonte-reservatório-selo que constituem alvos favoráveis para a futura exploração petrolífera.

Geologia Aplicada à Exploração Extractiva de Minas

Resumo

A exploração e a utilização dos recursos naturais exigem uma mão de obra qualificada, equipada com uma base sólida de conhecimentos de engenharia e geociência, complementada por competências técnicas. Os engenheiros e geocientistas desempenham um papel crucial na vanguarda destes empreendimentos, beneficiando dos seus conhecimentos e competências relevantes. Esta visão abrangente da geologia aplicada sublinha a importância das competências essenciais necessárias para a identificação e descrição dos minerais predominantes na formação de rochas. Estes minerais desempenham um papel fundamental nos intrincados processos de formação das rochas. Ao adquirir e aperfeiçoar estas competências vitais, os profissionais da área podem contribuir efetivamente para o sucesso da exploração e caraterização dos recursos geológicos. Assim, a geologia aplicada engloba também os processos terrestres, geralmente conhecidos como riscos geológicos, em particular os sismos, que afectam negativamente os progressos já alcançados. Assim, os geólogos devem estudar esses processos e recomendar medidas de mitigação necessárias para minimizar os danos em terrenos geológicos vulneráveis aos riscos geológicos. Este trabalho reforça os conhecimentos essenciais e as competências práticas para os académicos e para o desenvolvimento de infra-estruturas.

Revisão dos recursos geotérmicos como manifestações de vulcanismo na África Oriental

Resumo

As rochas ígneas são materiais que ocorrem naturalmente e que continuam a evoluir a partir de um estado fundido (magma) através de processos de arrefecimento. Os materiais sólidos que evoluem são frequentemente compostos cristalinos conhecidos como minerais. As câmaras magmáticas que estão localizadas a pouca profundidade formam frequentemente sistemas geotérmicos de alta temperatura. Os sistemas derivam o seu calor de processos magmáticos que culminam em actividades vulcânicas em localidades onde o magma é extrudido para a superfície do solo. O magma é extrudido, sob a forma de lava ou cinzas vulcânicas, como resultado de actividades vulcânicas violentas. Muitas vezes, as actividades vulcânicas estão relacionadas com processos geotérmicos em condições hidrogeológicas favoráveis. Os reservatórios geotérmicos desenvolvem-se em resultado disso e podem ser encontrados durante a exploração. Estes reservatórios estão distribuídos por todo o globo. São predominantes ao longo das fronteiras de placas e dos sistemas de fendas continentais, como se verifica na África Oriental. As actividades vulcânicas estão normalmente relacionadas com a tectónica de placas e a deriva continental. Por exemplo, o Grande Vale do Rift, que atravessa o continente africano desde o Norte até à África Central e Oriental, alberga numerosos vulcões. Os vulcões estão activos e inactivos e localizam-se no fundo do vale e nos seus flancos.

Este documento examina as actividades geotérmicas que se manifestam à superfície do solo sob diferentes formas, com ênfase nas características geotérmicas da África Oriental, particularmente nas características que são conspícuas no Sistema de Fendas do Quénia. Estas características incluem fontes termais, fontes quentes ou géiseres, jactos de vapor, fumarolas, terrenos quentes e depósitos superficiais de enxofre. A principal distribuição global de centros vulcânicos é também captada e relacionada com a configuração tectónica das placas. Posteriormente, são mencionados os principais investimentos geotérmicos operacionais nesses centros vulcânicos. Por exemplo, o governo do Quénia continua a investir fortemente na exploração de recursos geotérmicos como forma preferida de energia verde para estimular o desenvolvimento em todos os sectores da economia. De facto, estão a ser exploradas grandes reservas para adicionar a energia gerada à rede nacional.

Sinopse de Fundamentos de Geologia Aplicada
Uma Abordagem com Perspetiva de Avaliação

Resumo

O progresso económico de um país depende de uma série de intervenientes fundamentais que incluem recursos naturais e mão de obra bem formada. A prospeção e a exploração dos recursos naturais exigem que a mão de obra formada esteja adequadamente equipada com conhecimentos de engenharia e geociência, reforçados com competências técnicas. De facto, os engenheiros e geocientistas são dotados dos conhecimentos e competências relevantes, permanecendo assim na vanguarda. É neste contexto que o presente documento sinóptico Fundamentos de Geologia Aplicada como Perspetiva de Avaliação requer competências primordiais para a identificação e descrição de minerais comuns formadores de rochas, que constituem apenas uma parte íntima dos processos de formação de rochas, bem como de diferentes tipos estruturais e típicos de rochas. A geologia aplicada engloba também os processos terrestres, geralmente conhecidos como riscos geológicos, em especial os sismos, que afectam negativamente os progressos já alcançados. Um terramoto pode destruir milhares de vidas em poucos minutos. Do mesmo modo, os tsunamis, as inundações, os deslizamentos de terras e a atividade vulcânica podem ter um enorme impacto negativo na civilização. Os geólogos aplicados estudam estes processos e recomendam medidas de mitigação necessárias para minimizar os danos em terrenos geológicos vulneráveis aos riscos geológicos.

Este breve documento também tenta reforçar os conhecimentos essenciais e as competências práticas para o desenvolvimento académico e de infra-estruturas, em conformidade com a Visão 2030 do Quénia. Conhecimentos e ilustrações vitais, tal como desenvolvidos por outros autores de renome, particularmente nas recentes investigações sobre elementos de terras raras (ETRs), como matérias-primas críticas para tecnologias em evolução, tais como aplicações de energia limpa, componentes militares de alta tecnologia e eletrónica, foram também incorporados no documento para fundamentação da exploração em geologia aplicada, bem como na exploração petrolífera.

CAPÍTULO 1

INTRODUÇÃO

1.1 Informação geológica de base

O objetivo do presente trabalho, neste livro, é apresentar um estudo geral das implicações geológicas, características tectónicas e estudos estratigráficos subsuperficiais das bacias cretácico-terciárias do sistema de riftes do noroeste do Quénia (Lotikipi, Lago Turkana, Chalbi e Lokichar-Kerio). As bacias evoluíram através da tectónica de extensão que provocou o rifting continental como parte da grande rutura da Gondwanaland no final do Paleozoico, e continuou no Mesozoico e no Terciário.

Este movimento foi acompanhado por um estupendo derrame de fluxos de lava. Os mapas de anomalias gravitacionais e os perfis sísmicos foram muito úteis para as interpretações incorporadas neste livro, que revelaram a presença de vários sistemas estruturais do tipo horst e graben, determinaram o sistema de falhas e a profundidade do subsolo, e previram zonas petrolíferas favoráveis. Também foi revelado que as bacias atraíram potenciais pilhas sedimentares petrolíferas (~2000 - 5000 m de espessura) que foram depositadas em rochas do embasamento de idade pré-cambriana. Posteriormente foram cobertas por fluxos basálticos de idade maioritariamente Miocénica.

Os testemunhos de perfuração estavam disponíveis para os poços: LT-1 e LT-2 nos sistemas das bacias de Lokichar e North Kerio-Turkana (Terciário) e C1, C2 e C3 na bacia de Chalbi (Cretáceo). A bacia noroeste de Lotikipi (Cretáceo?) ainda não foi perfurada. Comparando as litologias destes poços, os estratos em que havia indicações de petróleo e/ou gás foram caracterizados à luz da matéria orgânica e de outros parâmetros sedimentológicos, a fim de compreender as associações fonte-reservatório-selo que constituem alvos favoráveis para a futura exploração petrolífera.

1.2 Importância deste trabalho

1) Descrever as características fisiográficas distintivas causadas por riftes e falhas tectónicas que afectaram a deposição de sedimentos e os sistemas de drenagem fluvial. As características fisiográficas correspondem praticamente à distribuição superficial e subsuperficial das formações rochosas pertencentes a diferentes idades geológicas.

2) Descrever e integrar as informações existentes sobre a geologia regional de subsuperfície e a sucessão estratigráfica com as características fisiográficas e tectónicas das quatro bacias de subsuperfície.

3) Reconstruir e examinar a estrutura das bacias subsuperficiais à luz dos dados de gravidade e demarcar as estruturas de graben e horst e a

configuração da bacia.

4) Caracterizar os litologs pertencentes aos poços: C1, C2, C3 (Cretáceo) e LT-1, LT-2 (Terciário), e construir a estratigrafia de subsuperfície. As formações estratigráficas caracterizadas também por perfis sísmicos foram utilizadas como secções-chave para extrapolação da geologia de subsuperfície.

5) Caracterizar as rochas geradoras, as rochas reservatório e as rochas de cobertura nos poços com jazidas de petróleo/gás, com base em perfis sísmicos e de raios gama, carbono orgânico total (TOC), porosidades e outros parâmetros sedimentológicos.

6) Fornecer avaliação prognóstica, extrapolação e recomendações dos locais prováveis, e suas implicações, para futuras perfurações e exploração de hidrocarbonetos nas quatro bacias estudadas.

A National Oil Corporation of Kenya (NOCK) está agora a envidar esforços para explorar as reservas de hidrocarbonetos nas bacias sedimentares pertencentes ao Jurássico-Cretáceo e ao Terciário, embora a maioria dos poços perfurados até agora nestas bacias não tenha revelado quaisquer reservas de petróleo. O presente trabalho é principalmente uma visão sinóptica da estratigrafia do subsolo nas bacias do Rift do noroeste do Quénia com a ajuda de dados geofísicos e geoquímicos.

O estudo é dedicado à comparação e interpretação de todos os dados; estruturais, geomorfológicos, sísmicos e gravimétricos, bem como dados de raios gama, relativos a perfis de poços de perfuração obtidos a partir dos três poços (C1, C2 e C3), perfurados na sequência do Cretáceo de Chalbi e dos dois poços, LT-1 (Loperot 1) e LT-2 (Eliye Springs 1), perfurados nas sub-bacias de Lokichar-Kerio/Turkana, que penetraram principalmente nos estratos do Paleoceno ou mais jovens. Futuras perfurações e descobertas de fósseis também fornecerão atributos estratigráficos adicionais às formações subsuperficiais definidas sismicamente na bacia de Lotikipi (Rop, 2003). Quando este trabalho estava no prelo, um poço, o Ngamia-1, perfurado até 2340 m de profundidade total por uma empresa britânica, a Tullow Oil Company, no Bloco 10BB (bacia de Lokichar), cerca de 25 km a sudoeste do poço LT-1, tinha resultados preliminares encorajadores de amostras que encontraram mais de 100 metros de net oil pay (colunas de petróleo) que provaram a existência de perspectivas petrolíferas significativas. Algumas perspectivas de petróleo e potenciais estruturas de chumbo foram recentemente observadas nos poços Twiga-1 e Etuko-1, ambos na bacia de Lokichar.

1.3 Geologia geral do Quénia

A geologia do Quénia é geralmente conhecida pelos sedimentos clásticos terrestres costeiros do sistema Karroo, pelos vulcões Kenya-Kilimanjaro pertencentes à atividade vulcânica do Terciário e pelos sítios arqueológicos do Quaternário do homem primitivo (Behrensmeyer, 1978). É também conhecido pela paisagem espetacular resultante do grande sistema de fendas da África Oriental e pela cadeia de lagos de fendas a partir dos quais estão a ser explorados alguns depósitos de sal (Baker, 1986). Uma grande parte da geologia queniana consiste também nas rochas basais pré-cambrianas e nos vulcões terciários que cobriram muitas das bacias sedimentares, que são agora consideradas bacias potenciais para a exploração de petróleo (Fig. 1).

Sabe-se que estas bacias evoluíram através da tectónica de extensão que provocou o rifting continental como parte da grande rutura da Gondwanaland no final do Paleozoico e continuou no Mesozoico e no Terciário. A região foi submetida a levantamentos e afundamentos, de forma intermitente, ao longo das principais falhas de fronteira destas bacias, mesmo no período Miocénico. Estes movimentos foram acompanhados pelo estupendo derramamento de fluxos de lava. A National Oil Corporation of Kenya (NOCK) está agora a fazer esforços para explorar as reservas de hidrocarbonetos nas bacias sedimentares pertencentes ao Jurássico-Cretáceo e ao Terciário, embora a maioria dos poços perfurados até agora (36 poços) nestas bacias não tenham provado quaisquer reservas de petróleo, com exceção dos da bacia de Lokichar. O presente trabalho é dedicado principalmente à construção da estratigrafia do subsolo utilizando os dados geofísicos (gravidade e perfis sísmicos) e geoquímicos.

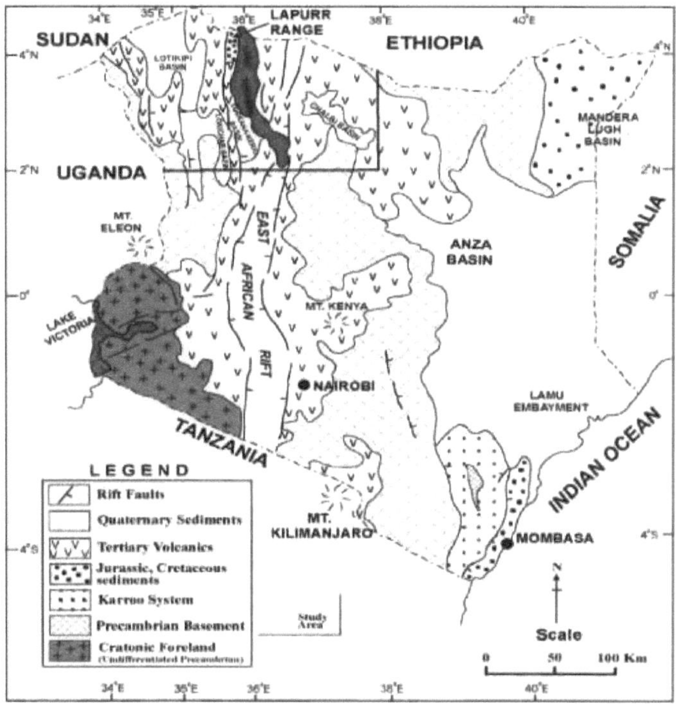

Fig. 1: Localização geográfica da área de estudo no Quénia

1.4 Características fisiográficas e geológicas

As características fisiográficas, como as cordilheiras e os inliers do subsolo, os planaltos vulcânicos do Terciário, o Lago Turkana e as terras baixas com planícies aluviais, bem como os sistemas de drenagem, estão presentes na área de estudo (Fig. 2). Toda a área é vulcânica e sismicamente ativa, mesmo durante o período quaternário, o que é demonstrado pela espessa cobertura aluvial que oculta toda a superfície erodida das sequências sedimentares mais antigas, bem como das rochas do subsolo (Davidson e Rex, 1980; Girdler, 1983; Green, 1991; Walsh e Dodson, 1969; Barker, 1972; Key et al., 1987; Rop, 2002).

A paisagem constituída por planícies aluviais planas e planaltos e cordilheiras que os separam indica o controlo de falhas em bloco (Bloom, 2002; Rop, 2003). A drenagem segue os golpes mais recentes de falhas, na direção norte-sul, mas as inclinações são assimétricas, dando origem a rios que correm em direcções opostas.

Os pequenos rios correm perpendicularmente às cordilheiras e terminam para se juntarem ao rio principal rios que correm no sentido norte-sul.

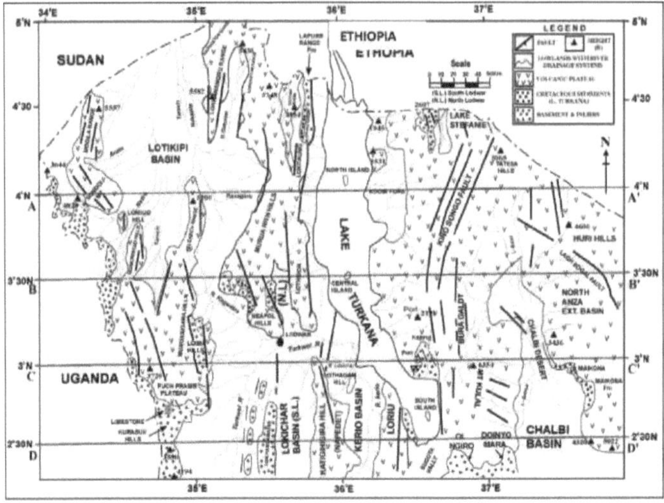

Fig. 2: Fisiografia, drenagem e características geológicas

As informações existentes sobre a geologia e a sucessão estratigráfica das quatro grandes bacias sedimentares foram destacadas (Walsh e Dodson, 1969; Rop, 1990, 2003). Suspeita-se, e é essa a base e premissa do presente trabalho sinóptico, que os sedimentos da Bacia de Anza a sudeste e os sedimentos das Formações Abu Gabra e Sharaf (Cretácico) no Sudão a noroeste têm contrapartidas nas áreas intermédias do norte do Quénia.

Os sedimentos jurássico-cretáceos da Bacia de Anza e da Bacia sudanesa de Abu Gabra (Schull, 1988) teriam sido depositados em bacias de rifte, com possíveis invasões do mar em ambas as direcções, depositando sedimentos imediatamente sobrepostos às rochas basais destas quatro bacias (Morley et al., 1992; Winn et al., 1993; Rop, 2003, 2011). Durante o Cretáceo e o Terciário, a sedimentação nestas bacias relacionadas com as fendas, estendendo-se NW-SE, foi maioritariamente fluvial, tornando-se gradualmente salobra e marinha nas regiões periféricas em direção ao mar aberto (Fig. 3).

A partir das evidências paleogeográficas e dos fósseis de dinossáurios, o período Cenomaniano apresentava condições paleoclimáticas (clima quente e húmido e precipitação intensa) previsivelmente propícias a uma vegetação luxuriante e densa, que acompanhou a sedimentação fluvial desse período nas bacias rift em estudo (Rop, 2003).

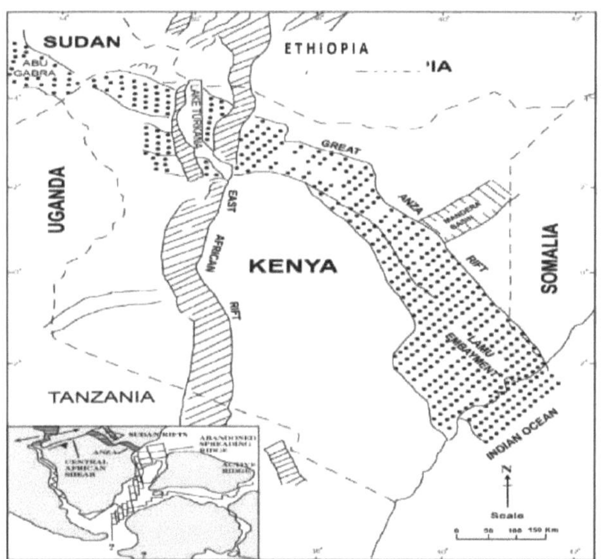

Fig. 3: Mapa da extensão do rifte da Bacia de Anza com tendência para noroeste (BEICP modificado, 1984). Inset - Separação da Gondwanaland no Paleozoico Superior.

1.5 Estruturas de subsuperfície e tectónica

A estrutura tectónica detalhada das bacias subsuperficiais com base na profundidade do subsolo e nas anomalias de gravidade (anomalias Bouguer) obtidas a partir do mapa de contorno regional (BEICIP, 1984) que cobre a área de estudo foi examinada (Figs.4 e 5). Os levantamentos gravimétricos ajudam a limitar as profundidades das bacias, bem como do embasamento, varrendo a litosfera e o manto superior principalmente de acordo com as densidades relativas (Tabela 1).

As anomalias gravitacionais positivas (Figura 4) definem os limites das estruturas horst onde o subsolo é coberto maioritariamente por fluxos de lava. Os contornos gravitacionais de Bouguer sobre as bacias de rift mostram uma orientação norte-sul distinta, indicando que a tectónica de rift do Terciário afectou mesmo a interface crosta-manto (Morley et al., 1992; Rop, 2003). No presente caso, verificou-se que é bastante eficaz, uma vez que as rochas do subsolo, bem como a cobertura superior de vulcânica, têm densidades distintamente mais elevadas do que as secções sedimentares preenchidas nas bacias.

A cobertura basáltica escondeu sob ela uma espessa sucessão de sedimentos mesozóicos e terciários. Estas bacias são delimitadas por grandes sistemas de falhas; os perfis gravitacionais do terreno atual indicam que no interior das bacias se encontram sub-bacias, que são semi-grabens assimétricos delimitados apenas de um lado por uma falha principal e do outro lado por um conjunto de falhas (Figs. 6 e 7).

Quadro 1: Características das densidades das rochas e minerais - profundidades limite das bacias de riftes

Tipo de rocha ou mineral	Densidade (g/cm3)
Areia	1.6-2
Arenito (Mesozoico)	2.15 - 2.4
Arenito (Paleozoico e mais antigo)	2.3 - 2.65
Quartzito	2.60 - 2.70
Calcário (Compacto)	2.5 - 2.75
Xistos (mais jovens)	2.1 - 2.6 (2.4)
Gnaisse	2.6 - 2.9 (2.7)
Basalto	2.7 - 3.3 (2.98)
Diabásio	2.8 - 3.1 (2.96)
Granito	2.52 - 2.81 (2.67)
Granodiorito	2.6 - 2.79 (2.72)

Fonte: Adaptado de Sharma (1976)

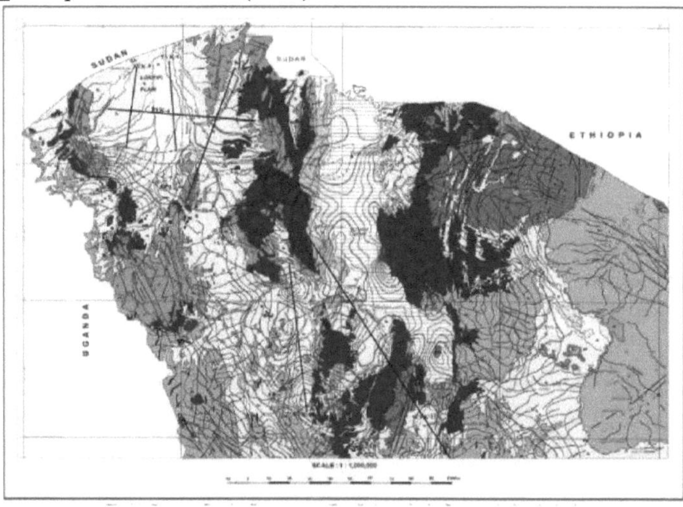

Fig. 4: Mapa de contorno da gravidade Bouguer com linhas sísmicas TVK 4-7

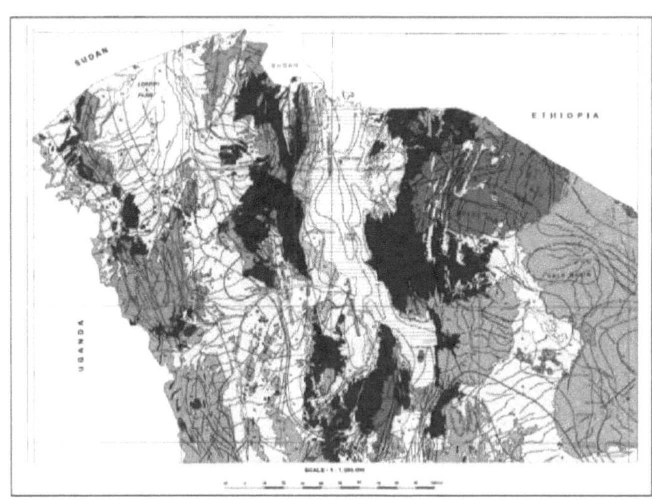

Fig. 5: Mapa de contorno estrutural do subsolo mostrando as profundidades do subsolo

Os riftes assimétricos ou semi-grabens são intracontinentais e os perfis de gravidade revelam que ocorrem carateristicamente sobre as cristas de arcos regionais do subsolo e do manto ou apenas na crosta continental com um perfil de manto semelhante a uma calha (Rop, 2003, 2011). A paisagem e as estruturas subsuperficiais das bacias indicam, em geral, que a atividade tectónica, o rifting e o processo de formação de falhas em bloco, que se iniciaram no Cretácico ou antes, continuaram em pulsos durante o Terciário e mesmo durante o Quaternário.

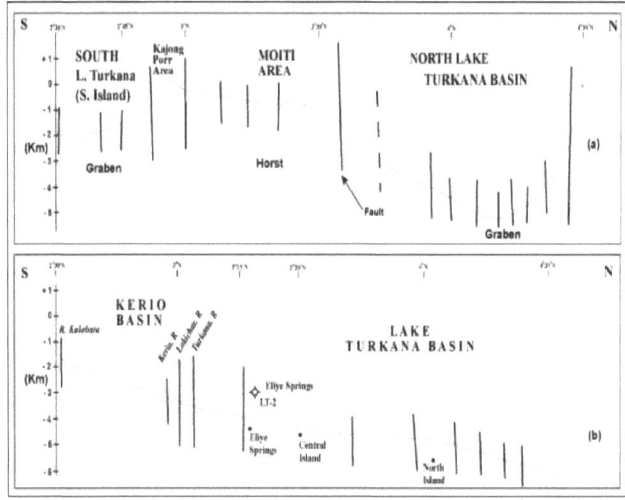

Fig. 6: Secção transversal S-N do perfil de profundidade do subsolo ao longo

das bacias de Kerio/Turkana. Entre as latitudes 2° 30'N e 4° 30'N:
(a) Da Ilha do Sul até à Cordilheira Lapurr
(b) Da bacia de Kerio até ao canto noroeste do lago Turkana

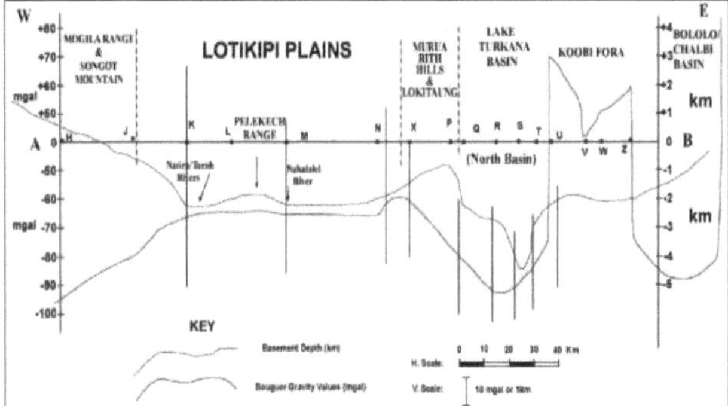

Fig. 7: Secção transversal da gravidade Bouguer e valores de profundidade
do subsolo ao longo de lat. 4° N nas bacias de Lotikipi-Lake Turkana,
mostrando características de meio-grabens

CAPÍTULO 2

ANÁLISE DA BACIA

2.1 Introdução

O principal objetivo deste capítulo é examinar a estrutura tectónica das quatro bacias subsuperficiais com base nas anomalias de gravidade (anomalias Bouguer) obtidas a partir dos mapas de contorno estrutural regional (Fig. 5 no Capítulo 1) que cobrem a área de estudo. Os levantamentos gravimétricos ajudam a limitar as profundidades das bacias, bem como do embasamento, varrendo a litosfera e o manto superior principalmente de acordo com as densidades relativas. No presente caso, verificou-se que é bastante eficaz, uma vez que as rochas do subsolo, bem como a cobertura superior de vulcânica, têm densidades distintamente mais elevadas do que as secções sedimentares preenchidas dentro das bacias. A cobertura basáltica esconde sob ela uma espessa sucessão de sedimentos mesozóicos e terciários. Estas bacias são delimitadas por grandes sistemas de falhas; os perfis gravitacionais do terreno atual indicam que no interior das bacias existem sub-bacias, que são meias-grabens assimétricas delimitadas apenas de um lado por uma falha principal e do outro lado por um conjunto de falhas.

Os riftes ou semi-grabens assimétricos são intracontinentais e os perfis de gravidade revelam que ocorrem caraterísticamente sobre as cristas de arcos regionais do subsolo e do manto ou apenas na crosta continental com um perfil de manto semelhante a uma calha. A paisagem e as estruturas subsuperficiais das bacias indicam, de um modo geral, que a atividade tectónica, o rifting e o processo de formação de falhas em bloco, iniciados no período Cretáceo ou antes, continuaram em pulsos durante o Terciário e mesmo durante o Quaternário.

2.2 Estratigrafia sísmica

Normalmente, entre os métodos geofísicos utilizados na exploração de hidrocarbonetos, os métodos gravimétricos e sísmicos têm sido mais comuns e eficazes na delineação de estruturas subsuperficiais prospectivas. A presença e a espessura das unidades de rocha sedimentar têm, no entanto, de ser confirmadas por inventários de poços e dados sísmicos. As características sísmicas revelam as características físicas como a compacidade, rigidez, porosidade e permeabilidade das unidades sedimentares do subsolo. Foi possível avaliar a frequência das secções que contêm xistos intercalados, arenitos compactos, arenitos mais porosos e menos compactos com qualidade de reservatório e possíveis rochas carbonatadas.

2.3 Bacia do Lotikipi

2.3.1 Introdução

O pressuposto de que as sequências de rochas sedimentares de idade mesozóica, semelhantes à sequência Jurássica-Cretácea do Sul do Sudão, onde foram descobertas piscinas de petróleo, continuam sob as vastas planícies aluviais da pouco conhecida Bacia de Lotikipi (NW Quénia) constituiu a premissa deste estudo. Uma nova interpretação dos dados gravimétricos e sísmicos, preservados nos registos da National Oil Corporation of Kenya (NOCK), reforça a possibilidade de que, sob a espessa cobertura de rochas vulcânicas e aluviões desgastados, se encontrem sequências sedimentares (~1050-2100m de espessura) que podem ser adequadas para a exploração de hidrocarbonetos. Desde o início do Cretáceo, a Bacia de Lotikipi parece ter evoluído em consequência de uma atividade tectónica complexa relacionada com o rifting continental e as falhas em bloco dos Sistemas de Rift de Anza e da África Central.

Delimitada entre as longitudes 34° 15'E e 35° 30'E e as latitudes 3° 30'N e 5° 00'N, a bacia de Lotikipi está localizada no noroeste do Quénia (Figs. 1 e 2). A bacia de Lotikipi parece ter evoluído em consequência de uma atividade tectónica complexa relacionada com o rifting continental e as falhas em bloco dos sistemas de Lamu-Anza e do Rift da África Central. A sua geologia tem atraído pouca atenção devido à escassez de exposições à superfície e a uma espessa cobertura de sedimentos aluviais depositados pelo sistema fluvial constituído pelos rios Anam, Natira, Tarach e Nakalale (Figs. 3, 4 e 5). Estes rios, que correm de sul para norte, drenam as cordilheiras ocidentais de Songot-Mogila, as colinas de Lomilio-Ngimorutai, as rochas basais ao longo da escarpa Quénia-Uganda e as cordilheiras orientais que formam as colinas de Lokwanamoru-Lorionetom e Murua Rith. O curso atual dos rios parece ter sido controlado tectonicamente, seguindo os sistemas de falhas N-S paralelos ao principal Rift Terciário do Quénia.

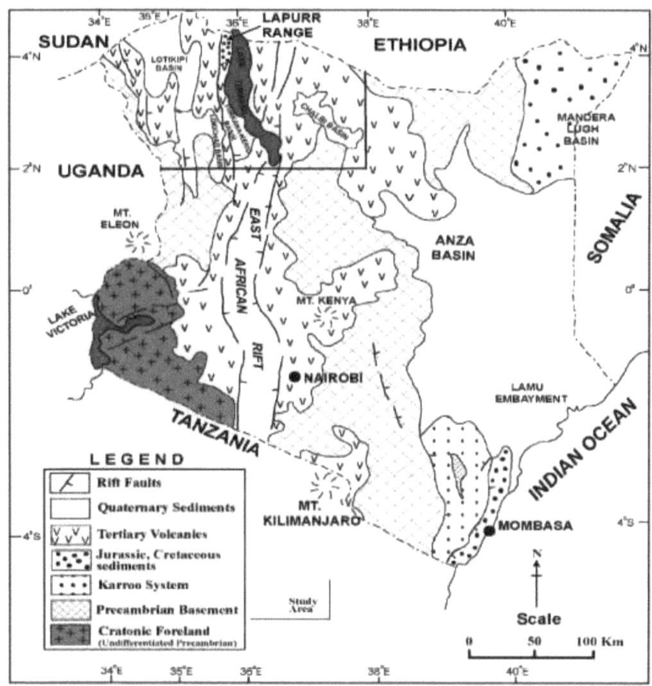

Fig. 1 Mapa geológico geral que mostra a área de estudo no noroeste do Quénia

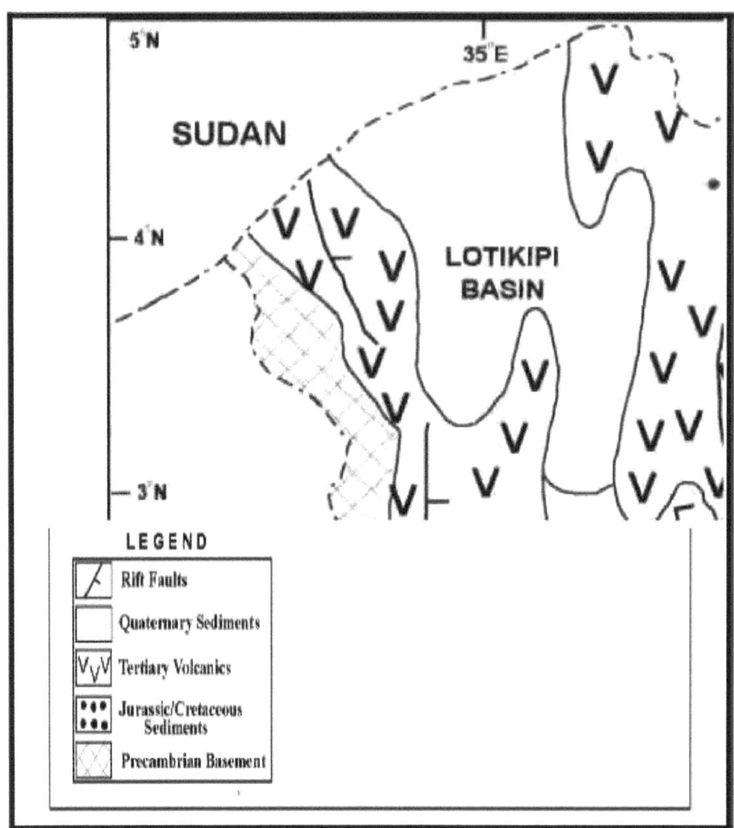

Fig. 2 Mapa que mostra a geologia da bacia de Lotikipi no noroeste do Quénia

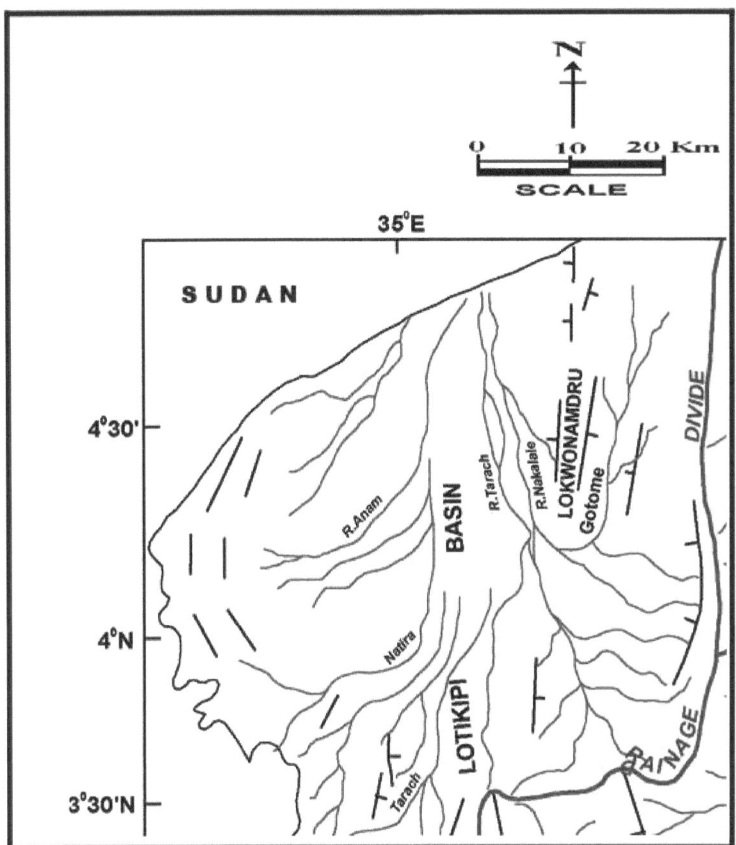

Fig. 3 Mapa que mostra o sistema de drenagem da bacia de Lotikipi na bacia de Lotikipi, noroeste do Quénia

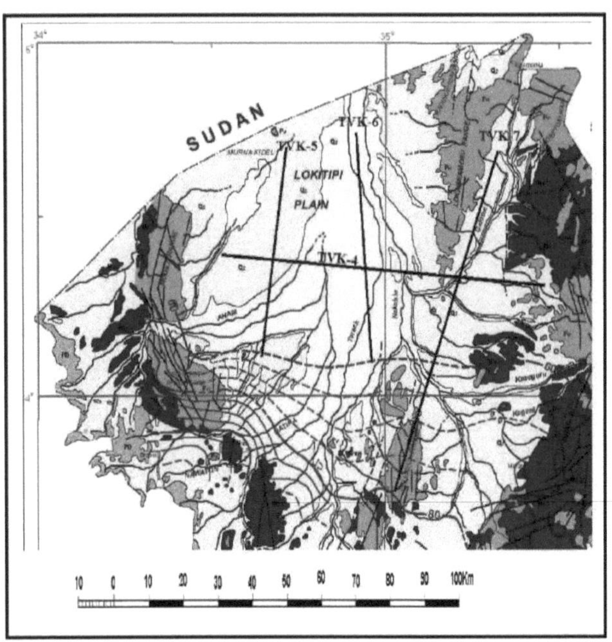

Fig. 4: Mapa de contorno da gravidade Bouguer mostrando a linha sísmica
TVK 4-7 na bacia de Lotikipi

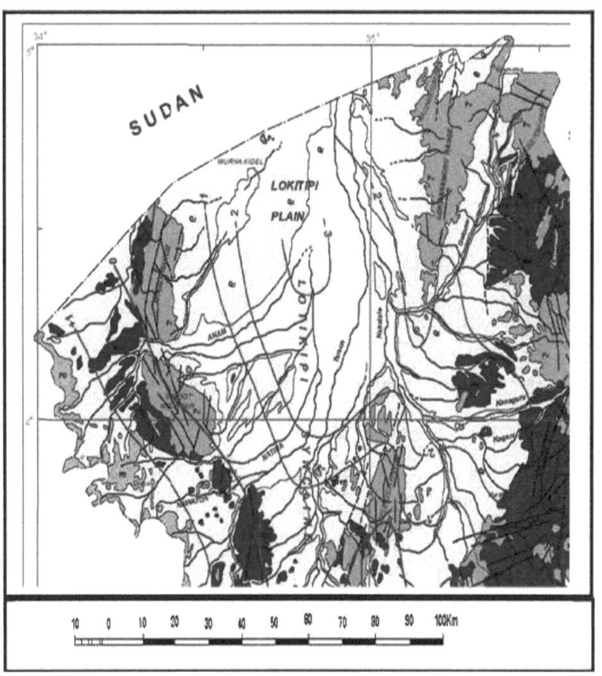

Fig. 5: Mapa de contorno estrutural da cave mostrando as profundidades

Os dois sistemas fluviais (Anam-Natira e Tarach-Nakalale) são acompanhados por afluentes que drenam os limites meridionais da bacia (a cordilheira Muruasingar-Pelekech). É muito possível que grande parte do padrão de drenagem tenha sido direcionado anteriormente para a grande depressão do Lago Turkana, controlada por falhas de tendência NW-SE simpáticas aos sistemas de fendas Anza-Abu Gabra. Foi reorientado pelos riftes mais jovens governados por um sistema de tensão extensional E-W que se tornou ativo no início do Miocénico (Davidson e Rex, 1980; Girdler 1983; Key et al, 1987; Green et al, 1991). A paisagem de toda a bacia indica um controlo tectónico ativo sobre os cursos dos rios que cortam tanto as rochas basais pré-cambrianas como as rochas vulcânicas de idade oligocénica-miocénica (Rop, 2012; Morley et al., 1992). A bacia forma um terreno isolado rodeado por cadeias de montanhas, mas, apesar do tectonismo ativo, os rios não formam gargantas profundas, seguindo atualmente um gradiente suave (Placas 1 e 2).

Placa 1: Bacia do Lotikipi Ocidental mostrando as terras altas da escarpa do Quénia/Uganda

Placa 2: Bacia do Lotikipi mostrando as cadeias montanhosas orientais

2.3.2 Enquadramento geológico

Como as exposições à superfície de sequências sedimentares mais antigas são escassas e raras, e como até à data não foram perfurados poços exploratórios nesta bacia, existe um conhecimento incompleto sobre o que se encontra por baixo da espessa cobertura aluvial (Holocénico). Walsh e Dodson (1969) e Rop (1990) mencionaram que as escoadas lávicas se sobrepõem diretamente ao embasamento pré-cambriano e são, por sua vez, cobertas por sedimentos pós-vulcânicos e depósitos aluviais. Barker (1972) referiu-se à planície de Lotikipi como uma área pantanosa de grandes dimensões, com falhas fracas, dominada por lavas suavemente inclinadas (idade de 38-17 Ma), formando uma "estrutura sinclinal" sem uma secção de rift subjacente. Trabalhos posteriores (Morley et al, 1992), realizados a sul da bacia de Lotikipi, basearam-se em dados gravitacionais e sísmicos que revelaram estruturas de horst e graben abaixo das planícies aluviais. Parece que as falhas e o rifting do Terciário facilitaram a rápida erosão na parte central desta bacia, que ficou com uma espessura muito pequena dos vulcânicos abaixo do aluvião. No entanto, não existem secções superficiais ou exposições de rochas vulcânicas ou sedimentares nos canais fluviais (Rop, 2003, 2011, 12).

Para a exploração em subsuperfície de possíveis estratos e estruturas portadores de hidrocarbonetos, era necessário determinar geofisicamente a espessura e a sucessão litológica nas unidades sedimentares. O relatório BEICIP (1984) assumiu que durante o rifteamento Mesozoico, estruturas semelhantes à bacia de Anza (graben) com tendência NW-SE, formaram-se e estenderam-se (Fig. 1) mesmo através da bacia de Lotikipi. Sequências sedimentares equivalentes em idade (Jurássico-Cretáceo) às do sul do Sudão (Rop, 2002; Schull 1988), podem ser descobertas sobrepondo-se à base pré-cambriana nestas estruturas.

2.3.3 Estruturas de subsuperfície e tectónica

O mapa de anomalias gravitacionais e o mapa de profundidade do subsolo (Figs. 4 e 5) ajudaram a determinar os limites do perfil meteorizado e da cobertura vulcânica, a determinar as profundidades até às quais a sequência sedimentar se pode estender e até a configuração da profundidade do manto abaixo do subsolo. Os contornos gravimétricos de Bouguer (Fig. 4) sobre a bacia de Lotikipi mostraram uma orientação norte-sul distinta, indicando que a tectónica de rift do Terciário afectou mesmo a interface crosta-manto. Foram examinadas secções ao longo destes contornos ao longo das latitudes 4° 00'N, 4° 15'N, 4° 30'N e 4° 45'N (Fig. 6a, b, c, d), a intervalos regulares, a fim de delinear as sub-bacias.

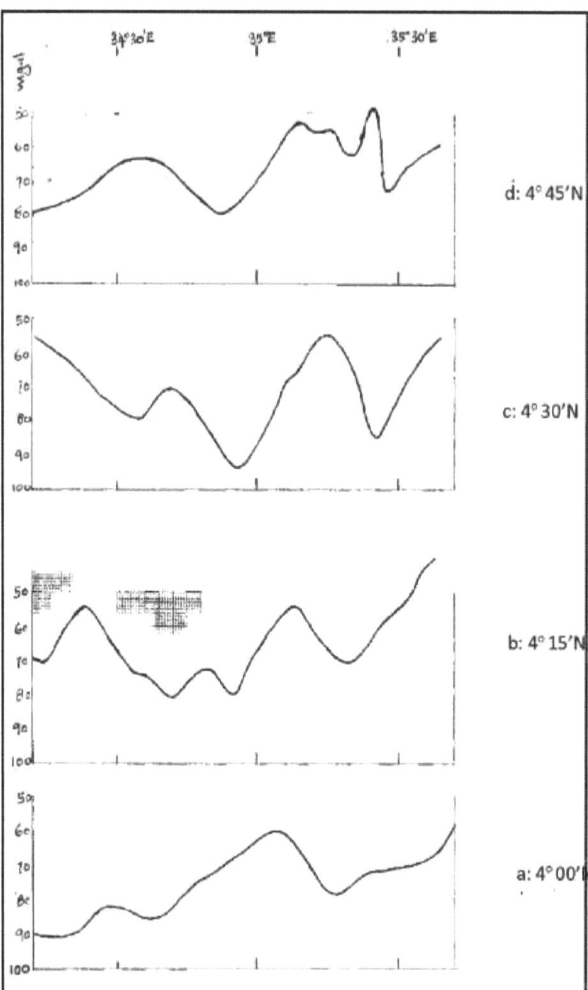

Fig. 6a, b, c e d: As secções transversais de gravidade da bacia do Lotikipi ao longo das latitudes de 4° 00'N a 4° 45'N

Os valores da anomalia da gravidade Bouguer (-50 a -90 mgal) sobre a bacia indicam uma cobertura vulcânica fina, um manto superior profundo e a provável presença à superfície de rochas sedimentares de baixa densidade sobre o embasamento pré-câmbrico. A secção transversal ao longo da Lat. 4° 00' N (Fig. 6a) mostrou que a anomalia da gravidade se tornou cada vez mais negativa para oeste a partir de Murua Rith Hills (cerca de -60 mgal) em direção à montanha Songot (cerca de -90 mgal) perto da escarpa da fronteira Quénia/Uganda. Parece que o manto superior desceu nessa direção, o subsolo pré-cambriano deve ser mais espesso, embora a profundidade do subsolo diminua de leste para oeste (por exemplo, -2 km a leste imediato da estrutura tipo horst de Pelekech para 0 km no Monte Songot).

O embasamento aprofunda-se de 2,5 km para 3,5 km em direção a norte, indicando uma estrutura de mergulho (Fig. 5). A gravidade Bouguer e a profundidade do subsolo entre a cordilheira de Pelekech e as colinas de Murua Rith não variam muito, apesar das falhas que afectaram tanto o subsolo como o manto superior. O perfil ondulatório do subsolo na parte sul da bacia foi causado pelos sistemas de falhas profundas que atingem o manto. As anomalias gravitacionais positivas (Fig. 4) definem os limites das estruturas de horst onde o embasamento é coberto maioritariamente pelos fluxos de lava. As secções transversais (Fig. 6b, c, e d) entre Lat. 4° 15'N até Lat 4° 45'N, não são muito diferentes do que ao longo da Lat. 4° 00' N, exceto que a profundidade do subsolo aumenta para norte, indicando também que a espessura da sequência sedimentar aumenta nessa direção. A bacia aprofunda-se gradualmente entre Lat.4° 00'N e 4° 30'N, mas o gradiente torna-se subitamente íngreme mais além. A anomalia negativa de Bouguer sobre a bacia central mais profunda (-80 mgal) torna-se relativamente positiva (65 mgal) para oeste (Cordilheira Mogila) e para leste (Cordilheira Lokwanamoru). Esta parte da bacia foi formada pelo rifteamento mesozóico NE-SW e foi mais tarde afetada também pelo rifteamento terciário E-W. A bacia aprofunda-se abruptamente para leste, mas a deslocação ao longo das falhas N-S (Terciárias) que a limitam é maior. Na parte mais profunda da bacia, situada entre Long. 34° 30'E e 35° E e Lat. 4° 15'N e 4° 45'N, espera-se que uma espessa secção sedimentar mesozóica (cretácica ou ainda mais antiga) esteja subjacente à cobertura de algumas centenas de quilómetros de vulcânicas e aluviões do Terciário e do Quaternário.

Esta bacia subsuperficial não está longe do sistema de falhas NNW-SSE da escarpa do Quénia/Uganda e a sua estrutura assemelha-se mais a um half-graben, que se aprofunda também para norte. Parece que a série de falhas que afectaram a configuração da bacia mais profunda deve ter sido iniciada algures no Mesozoico. É possível que para norte esta bacia se estenda até ao Sudão. Como tal, a interpretação reforça o otimismo quanto à descoberta de sedimentos subsuperficiais de idade ainda do Cretáceo Inferior, semelhantes aos do Sudão, que poderiam ser petrolíferos.

A anomalia gravitacional positiva, ao longo da margem oriental da bacia do Lotikipi, é interpretada como sendo devida à elevação do embasamento, bem como ao upwarp do manto. As falhas que delimitam algumas das estruturas de horst e graben (Fig. 6) devem/podem ser "falhas activas" que também controlaram os cursos dos rios e dos seus afluentes, mais tarde no Quaternário. Uma falha menor inferida nas margens do rio Nakalale, a norte da cordilheira de Pelekech, representa a extremidade N-S da falha de Turkwel (Morley et al., 1992), que se ramificou a partir da escarpa de Elgeyo que faz fronteira com a bacia de Lotikipi a sul. Estas falhas devem ter estado intermitentemente activas, afectando a estrutura da bacia e controlando a sedimentação fluvial.

2.3.4 Estratigrafia sísmica

Os métodos geofísicos utilizados na exploração de hidrocarbonetos têm sido mais eficazes na delineação de estruturas subsuperficiais prospectivas. A presença e a espessura das unidades de rocha sedimentar têm, no entanto, de ser confirmadas por inventários de poços e dados sísmicos. As características sísmicas revelam as características físicas como a compacidade, rigidez, porosidade e permeabilidade das unidades sedimentares do subsolo. Foi possível avaliar a frequência das secções que contêm xistos intercalados, arenitos compactos, arenitos mais porosos e menos compactos com qualidade de reservatório e possíveis rochas carbonatadas.

A partir dos perfis sísmicos ao longo das Linhas TVK-4, TVK-5, TVK-6 e TVK-7 (Figs. 4, 7, 8, 9 10 e 11) foi possível identificar duas sub-bacias, entre as longitudes 34° 30'E e 35° 00' E e as latitudes 4° 15'N e 4° 45'N (Figs. 6b e 6d), que foram designadas pelos sistemas fluviais mais próximos como a) a Formação Anam-Natira e b) a Formação Tarach-Nakalale (Rop, 2003, 2011, 12).

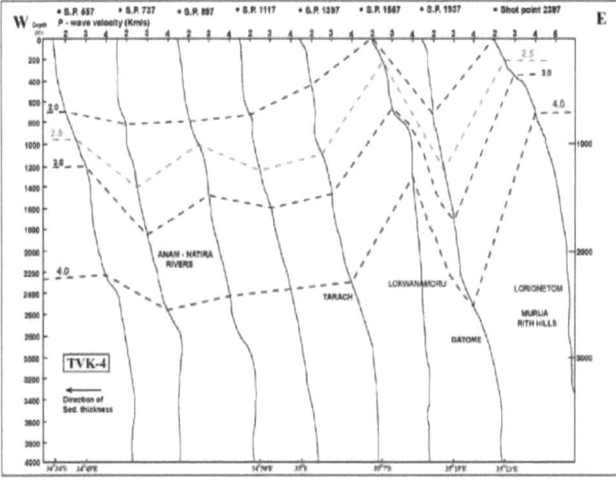

Fig. 7: Secção transversal W-E no Lotikipi ao longo da linha sísmica TVK-4

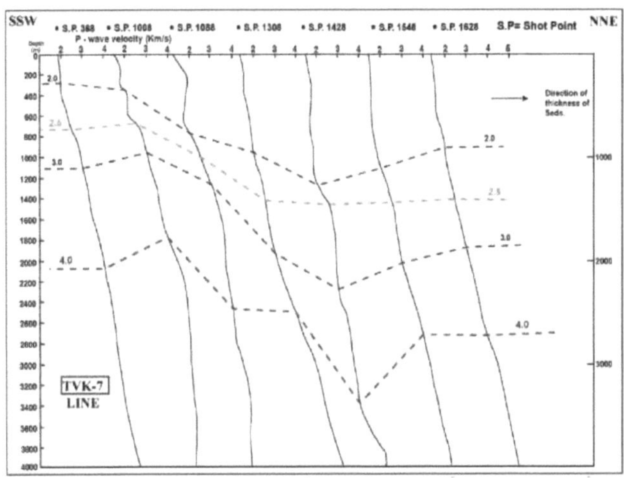

Fig. 8: Secção transversal SSW-NNE em Lotikipi ao longo da linha sísmica
TVK-7

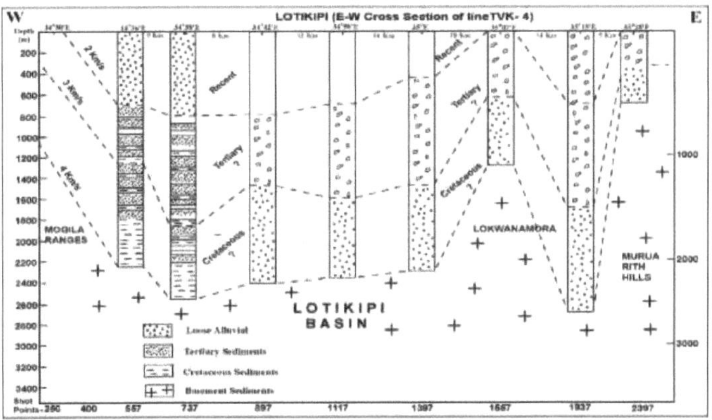

Fig. 9: Colunas estratigráficas de subsuperfície E-W prováveis da linha
sísmica TVK-4

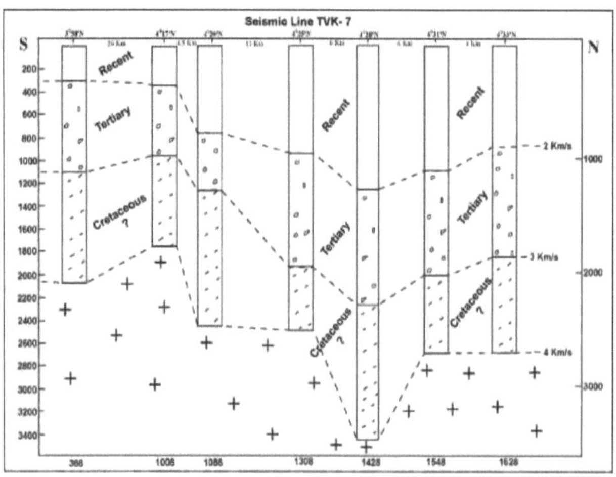

Fig. 10: Colunas estratigráficas de subsuperfície S-N prováveis da linha sísmica TVK-7

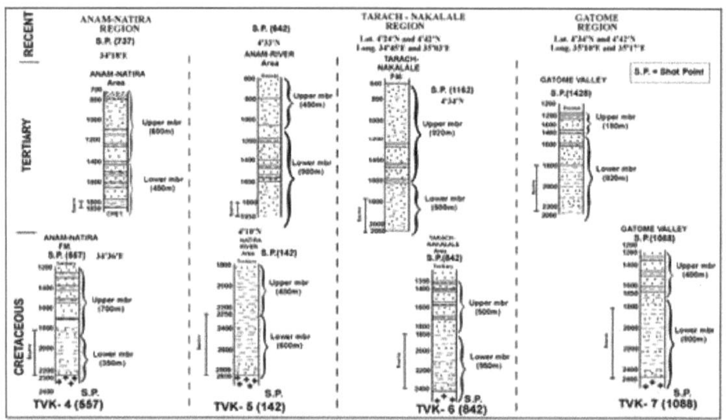

Fig. 11: Variações gerais das colunas estratigráficas das secções tipo prováveis das formações Lotikipi com base em perfis sísmicos

a) Formação Anam-Natira

A secção sedimentar subsuperficial mais bem desenvolvida prevista, identificada com base em estudos sísmicos e gravimétricos, sob os canais dos rios Anam e Natira (Figs. 3, 4, 7 e 10), foi designada como formação Anam Natira. A sequência de 1050 m de espessura entre as longitudes 34° 30'E e 35° 00 N), que apresenta uma velocidade de onda P (Vp) entre 3,0 e 4,0 km/s no perfil da linha TVK-4, é interpretada como sendo constituída principalmente por arenitos e xistos.

A secção inferior de 350 m, entre 1900 m e 2250 m de profundidade, deverá conter arenitos compactos com frequentes camadas espessas de argila/xisto, para os quais a gama de Vp se situa entre 3,5 e 4,0 km/s. A secção superior de 700 m, entre 1200 m - 1900 m de profundidade, deve ser constituída principalmente por arenitos de grão fino com camadas menores de argila/xisto, seguidas para cima por arenitos de grão grosso. A secção superior é caracterizada por uma gama de Vp mais baixa, entre 3,0 e 3,5 km/s, mas as camadas intercaladas de argila/xisto ou de arenitos menos porosos e mais compactos são marcadas por Vp mais elevados (3,5 km/s).

Assim, sismicamente, a Formação Anam-Natira tem duas subdivisões, que podem ser reconhecidas como os Membros Superiores e Inferiores de Anam-Natira (Fig. 11). A secção que mostra a espessura máxima sob o rio Natira (no ponto de tiro 1428 - Fig. 8) não mostra os dois membros igualmente bem desenvolvidos. Nesta secção, o membro superior (Vp entre 3.0 e 3.5 km/s) é mais espesso e melhor desenvolvido. Curiosamente, nas partes da bacia do Lotikipi semelhantes a um horst (Figs. 4, 6, 7, 8, 9 e 10), sob os pontos de tiro 1557 e 2397 (TVK-4), 542 (TVK-5), 1162 (TVK-6) e 1008 e 1088 (TVK-7), a secção mostra um membro inferior mais bem desenvolvido (Vp entre 3,5 e 4,0 km/s). A profundidade do subsolo é geralmente mais rasa nestas partes tipo horst (1800 m de profundidade). Apenas no TVK-5 (ponto de disparo 782) e no TVK-6 (ponto de disparo 162) a profundidade do subsolo atinge mais de 1800 m até 2100 m. Isto estabelece a não uniformidade da subsidência experimentada pela bacia em diferentes partes quando os sedimentos do membro inferior foram depositados. Estabeleceu também que entre o fim da deposição do membro inferior e o início da deposição do membro mais jovem, houve um episódio tectónico que aprofundou apenas certas partes da bacia onde a sequência mais espessa do membro mais jovem podia ser depositada.

As zonas situadas sob as linhas sísmicas TVK-4 (ponto de captação 1937) e TVK5 (ponto de captação 142), TVK-6 (ponto de captação 1162) e TVK-7 (ponto de captação 1428) apresentam um membro superior melhor desenvolvido (Vp entre 3,0 e 3,5 km/s), sendo que as zonas de graben da bacia indicam uma velocidade de sedimentação mais rápida. O membro inferior apresenta geralmente uma espessura menor nestas partes da bacia, enquanto o membro superior apresenta uma espessura máxima.

Futuras perfurações e descobertas de fósseis fornecerão atributos estratigráficos adicionais a estas divisões sismicamente definidas.

b) Formação Tarach-Nakalale

A secção mais desenvolvida (Terciário ?) (1420 m de espessura) localizada sob os sistemas fluviais de Tarach e Nakalale (Figs. 9, 10 e 11), caracterizada por Vp entre 2,0 e 3,0 km/s, foi denominada Formação Tarach-Nakalale. Deduzida ao longo do TVK-6 a área abrangida pelos Longs. 34° 45'E e 35° 03'E e Lats. 4° 24' N e 4° 42' N mostra um melhor desenvolvimento desta formação, que parece ser constituída por areias menos consolidadas, cascalhos, siltes e argilas que se tornam cada vez mais compactas na parte basal da secção (15602060m de profundidade). A sub-bacia na linha TVK-6 delimitada pelas lats. 4° 24'N e 4° 42' N e longs. 34° 45'E e 35° 03'E podem ser considerados como representando a secção "tipo" da Formação Tarach-Nakalale. A sequência "tipo" da Formação Tarach-Nakalale mostra uma representação bem desenvolvida de ambos os membros, que têm uma espessura de cerca de 800 m cada.

A Formação Tarach-Nakalale também pode ser subdividida em um membro superior (Vp >2,0 <2,5 km/s) e um membro inferior (Vp>2,5<3,0 km/s). O membro inferior é melhor desenvolvido nas feições tipo horst na bacia Lotikipi e se estende apenas até uma profundidade de < 220 m (por exemplo, sob a Cordilheira Lokwanamoru e Murua Rith Hills ao longo da linha TVK-4, ponto de tiro 737, em long. 35° 07'E e no ponto de captação 2397, a long. 35° 28'E, respetivamente). Noutras secções das linhas TVK-5 (ponto de tiro 782) e TVK-7 (ponto de tiro 1482), a sequência de membros mais antigos parece atingir uma profundidade máxima de 750 m e 1460 m, respetivamente. Os dois membros sismicamente definidos da Formação Tarach-Nakalale têm uma espessura variável em diferentes partes da bacia de Lotikipi. As variações de espessura, bem como a profundidade máxima atingida por cada um deles, mostram que a sedimentação foi acompanhada de subsidência. De interesse é o facto de as áreas com as secções mais finas de sedimentos com Vp > 2,5 < 3,0 km/s não coincidirem com as que apresentam sequências mais finas com Vp > 2,0 < 2,5 km/s.

2.3.5 Idade suspeita

Neste momento, não se pode atribuir uma idade estratigráfica definitiva à secção, mas, ocorrendo numa configuração tectónica e estratigráfica semelhante, suspeita-se que a Formação Anam-Natira possa ser homotaxial às Formações Sharaf e Abu Gabra (de idade neocomiana ou albiano-aptiana, Schull, 1988) do sul do Sudão. Se bem que só as futuras perfurações permitam atribuir atributos litológicos adicionais a estas duas subdivisões, na ausência de outros critérios para atribuir uma idade estratigráfica, pode ser útil considerar a Formação Tarach-Nakalale como coeva do Grupo Cordofão do Sul do Sudão (início do Terciário, Schull, 1988). Para além disso, é de salientar que as sub-bacias em que se suspeita que as sequências mais espessas da Formação Anam-Natira (Cretácico Superior?) são diferentes das sub-bacias em que se prevê uma maior espessura da Formação Tarach-Nakalale (Terciário Inferior?).

2.3.6 Conclusão e avaliação prognóstica

Uma vez que não foram perfurados poços exploratórios na bacia de Lotikipi, a maior parte da avaliação prognóstica da bacia dependeria da avaliação efectuada em rochas de idade equivalente pertencentes às outras bacias (ao longo dos Rifts de Anza e Abu Gabra). As duas principais formações foram reconhecidas com base em atributos sísmicos (Rop, 2003). A Formação Anam-Natira, que é a mais antiga das duas, foi considerada equivalente às Formações Sharaf e Abu Gabra no Sudão, ambas de idade Cretácea. Estas formações são constituídas por xistos, argilitos, arenitos e conglomerados lacustres e fluviais espessos, que incluem rochas-fonte para hidrocarbonetos.

A sua idade cretácica foi estabelecida principalmente com base em provas palinológicas. Sabe-se que sedimentos depositados em estruturas de graben dessa idade ocorreram noutras bacias relacionadas com fendas antes da separação da Gondwanaland. De acordo com a ideia de que a bacia de Lotikipi faz parte da extensão noroeste do Grande Rift de Anza, sequências estratigraficamente equivalentes (com Vp > 3,0 < 4,0 km/s) da Formação Anam-Natira também podem ser visualizadas como contendo algumas rochas fonte para a geração de hidrocarbonetos. As formações consideradas equivalentes em idade nas bacias de Chalbi e Kaisut (Winn et al., 1993), muito a sudeste das bacias de Lotikipi e do Lago Turkana, também contêm potenciais rochas geradoras de petróleo. Esta correlação, contudo, requer confirmação adicional através de dados sísmicos pormenorizados.

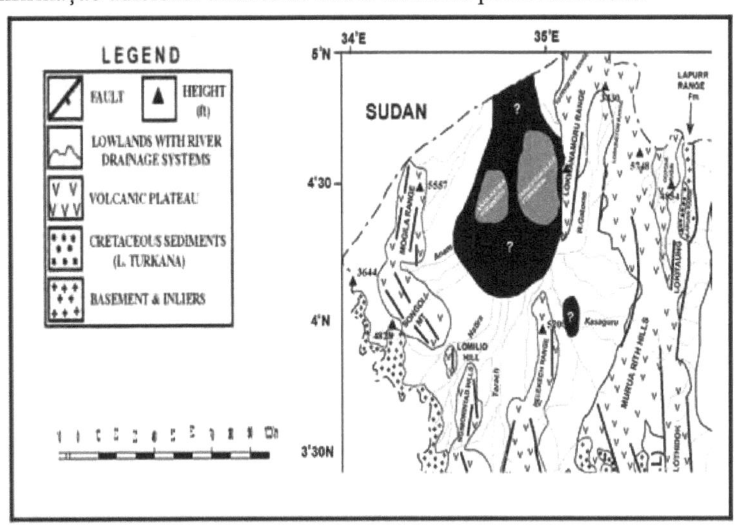

Fig. 12: Mapa com as áreas prováveis de prospeção de hidrocarbonetos
(sombreado a preto e cinzento)

Dentro da bacia do Lotikipi (Fig. 12), certas áreas podem ser demarcadas
como potenciais áreas-alvo para futuras operações de perfuração e
hidrocarbonetos:

1) Zona imediatamente a norte da cordilheira de Pelekech, entre lats. 4°15'N
e 4°30' e longs. 34°45'E e 35°15'E, a leste da bacia do Lotikipi.

2) As zonas a norte da latitude 4°30'N (possivelmente estendendo-se até à
fronteira entre o Quénia e o Sudão) e as longitudes 34°36'E e 35°07'E, na
parte central da bacia do Lotikipi.

3) As zonas a noroeste da cordilheira de Pelekech (sob o sistema dos rios
Nakalale- Kasanguru e Gatome), entre lats. 4°00'N e 4°30'N e longs. 35°07'E
e 35°17'E.

As futuras actividades de perfuração devem ter em consideração que a
geologia do subsolo é tectonicamente complexa. As sequências do Cretácico
foram depositadas dentro das estruturas do graben formadas sob as tensões
extensionais E-W e NE-SW. O grau de subsidência no graben ao longo da
direção do rifting não foi uniforme, como se pode ver pela variação de
espessura dos dois membros estratigráficos individuais definidos
sismicamente. Foi também inferido que, na bacia do Lotikipi, a espessura
máxima das sequências do Cretácico foi atingida nas áreas do graben, com
espessuras menores de sequências dessa idade visualizadas nas áreas do
horst.

Curiosamente, as sequências do Cretáceo (?) em estruturas tipo horst, com
menor espessura, também apresentam Vp entre 3,0 e 4,0 km/s, características
de boas rochas geradoras. No entanto, entre as sequências de membros mais
antigos, aquelas que atingiram profundidades superiores a 1800 m só
puderam ser visualizadas como contendo potenciais rochas geradoras de
hidrocarbonetos. Como a bacia do Cretáceo foi ainda mais afetada pelo
rifting cenozóico, é possível que os hidrocarbonetos gerados anteriormente
tenham migrado até aos arenitos do Terciário, sobrepondo-se à fina sequência
de membros superiores dos estratos do Cretáceo.

2.4 Bacia de Chalbi

2.4.1 Introdução

A Bacia do Rift de Chalbi é conhecida por ter evoluído através da tectónica
de extensão que provocou o rifting continental como parte da grande rutura
da Gondwanaland no final do Paleozoico e continuou no Mesozoico e no
Terciário. Este trabalho de investigação baseou-se em dados gravimétricos,

sísmicos e de raios gama, bem como nos registos de perfuração disponíveis. Os dados geofísicos utilizados foram recolhidos pela AMOCO no âmbito do programa de hidrocarbonetos. Mas os mapas de anomalias de gravidade, bem como os perfis sísmicos, foram os mais úteis para as interpretações incorporadas no presente trabalho. Eles revelaram a presença de vários sistemas estruturais horst e graben. Foi também revelado que a bacia atraiu pilhas sedimentares com espessuras até 5 km, que foram depositadas em rochas basais de idade pré-cambriana. A bacia foi posteriormente coberta por fluxos basálticos de idade maioritariamente Miocénica.

Os testemunhos de perfuração estavam disponíveis para os poços: C1, C2 e C3 na bacia de Chalbi (Cretáceo). Comparando os litologs destes poços, as características sísmicas e de raios gama foram discutidas a fim de caraterizar os estratos nos quais havia mostras de petróleo/gás. Estas características foram ainda analisadas à luz das porosidades, da matéria orgânica e de outros parâmetros sedimentológicos, a fim de compreender as características essenciais das rochas geradoras, das rochas reservatório e das rochas de cobertura. Foi feita uma tentativa de extrapolar os conhecimentos adquiridos para recomendar os locais de prognóstico prováveis para futuras perfurações na Bacia de Chalbi.

A bacia de Chalbi e as suas sub-bacias continuaram a ser locais de deposição e extensão também durante o Terciário Superior. Situa-se entre as longitudes 37° 05'E e 37° 47'E e as latitudes 2° 22'N e 3° 20'N. Os vulcões Monte Kulal e Huri-Marsabit, que entraram em erupção durante o Quaternário, formam os ombros oriental e ocidental da bacia, respetivamente (Figs. 1.1 e 2.1).

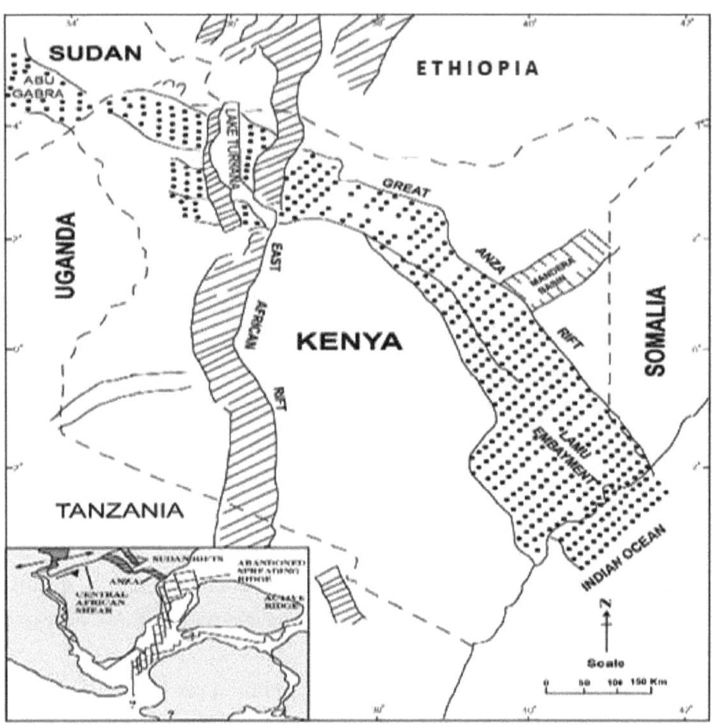

Fig.1.1: Extensão da Bacia do Grande Anza com tendência para NW
(Adotado de BEICIP, 1984)

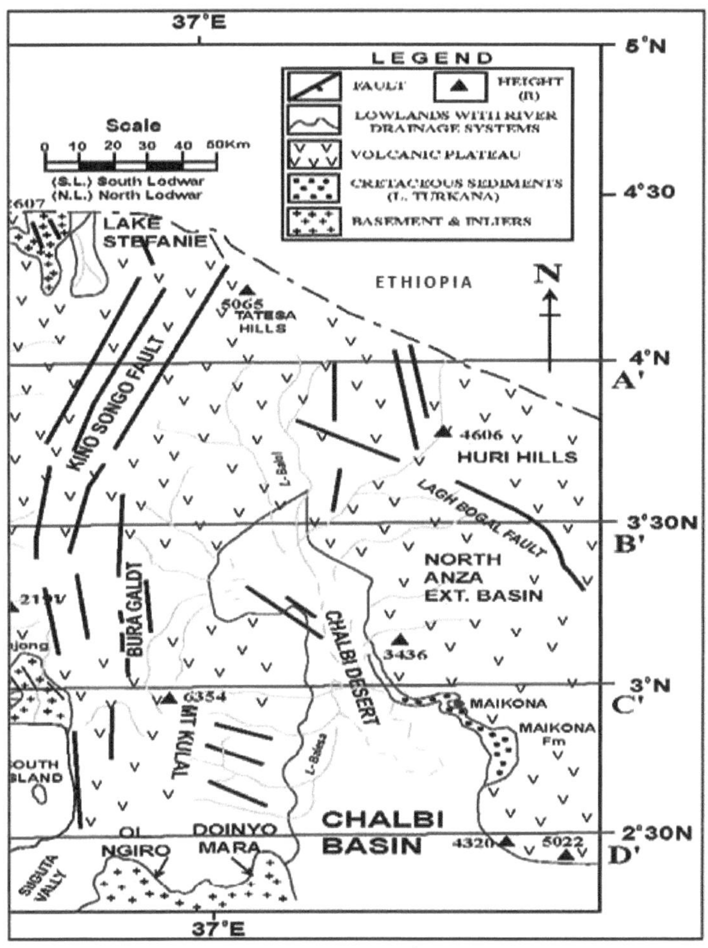

Fig.2.1: Mapa Fisiográfico e Geológico da Área de Estudo (Adotado de Rop, 2003)

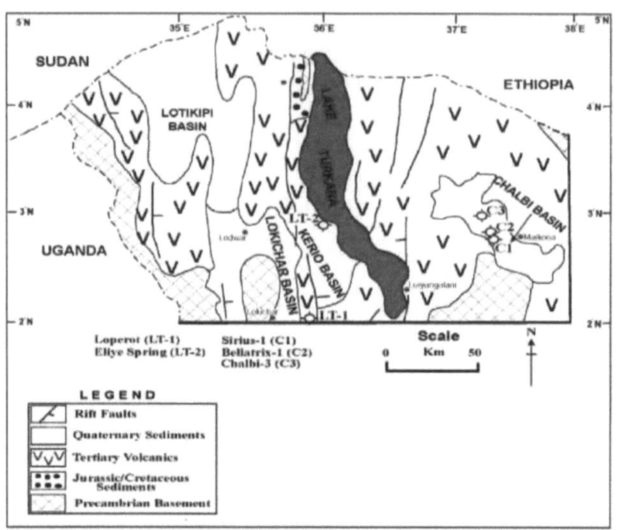

Fig.3.1: Mapa mostrando os poços perfurados nas bacias do noroeste do Quénia (Adotado

de Rop, 2003

Suspeita-se, e é a própria base e premissa do presente trabalho, que os sedimentos da Bacia de Anza a sudeste e os sedimentos das Formações Abu Gabra e Sharaf (Cretáceo) no Sudão (Skull, 1988) a noroeste têm contrapartidas nas áreas intervencionadas do noroeste do Quénia. Os sedimentos do Jurássico-Cretáceo da Bacia de Anza (sendo a Bacia de Chalbi a extensão noroeste da mesma) e da Bacia sudanesa de Abu Gabra terão sido depositados em bacias de rift, com possíveis invasões do mar em ambas as direcções, depositando sedimentos imediatamente sobrepostos às rochas de base nas bacias de Lotikipi, Lokichar, Kerio-Turkana e Chalbi (Fig. 3.1). Sabe-se que estas bacias evoluíram através da tectónica de extensão que provocou o rifting continental como parte da grande rutura da Gondwanaland no período Paleozoico tardio (Flores, 1984) e continuou no Mesozoico e Terciário. A região vertical sofreu elevação e subsidência intermitentes ao longo das principais falhas de contorno da bacia, mesmo no período Miocénico (Rop, 1990; 2003). Estes movimentos foram acompanhados pelo estupendo derrame de escoadas lávicas.

Durante o Cretáceo e o Terciário, a sedimentação nestas bacias relacionadas com as fendas, estendendo-se NW-SE, foi maioritariamente fluvial, tornando-se gradualmente salobra e marinha nas regiões periféricas em direção ao mar aberto. A partir das evidências paleogeográficas e de fósseis de dinossáurios, o período Cenomaniano apresentava condições paleoclimáticas (clima quente e húmido e precipitação intensa) previsivelmente propícias a uma vegetação espessa e luxuriante (Bloom, 2002), que acompanhou a sedimentação fluvial desse período nas bacias rifte em estudo.

A National Oil Corporation of Kenya (NOCK) está agora a envidar esforços para explorar as reservas de hidrocarbonetos nas bacias sedimentares pertencentes ao Cretáceo (Chalbi) e ao Terciário (?Lotikipi, Lokichar, Kerio e Lago Turkana) no noroeste do Quénia, embora os poços perfurados até agora nestas bacias não tenham provado quaisquer reservas de petróleo (Rop, 2003). O presente trabalho é dedicado principalmente à construção da estratigrafia subsuperficial do deserto de Chalbi utilizando os dados geofísicos (gravidade e perfis sísmicos).

2.4.2 Enquadramento geológico regional da bacia de Chalbi

As informações integradas existentes sobre a geologia regional (Barker e Williams, 1972) da área da bacia de Chalbi compreendem uma paisagem de todo o terreno que é indicativa de um controlo tectónico em grande escala por falhas subsuperficiais que têm estado activas intermitentemente. O relevo é também contribuído por processos vulcânicos e sedimentares (Barker, 1986) que são também controlados em grande medida pelos movimentos tectónicos (Figs. 1.1 e 2.1). Existem muito poucos locais, como a Cordilheira Lapurr (que se crê fazer parte da extensão noroeste da Bacia de Chalbi), onde está exposta uma secção espessa de rochas sedimentares clásticas (Placa 1.1).

Placa 1.1: Os sedimentos cretácicos da Cordilheira Lapurr são, por sua vez, sobrepostos por
planaltos e cordilheiras vulcânicas do Terciário
(a seta mostra o contacto entre sedimentos e

vulcânicas).

Existem características fisiográficas regionais distintas, como as cordilheiras e os inliers do subsolo, os planaltos vulcânicos do Terciário, o Lago Turkana e as terras baixas (deserto de Chalbi - Placa 1.3) com planícies aluviais e sistemas de drenagem. Toda a área é vulcânica e sismicamente ativa, mesmo durante o período quaternário, o que é demonstrado pela espessa cobertura aluvial que oculta toda a superfície erodida das sequências sedimentares mais antigas, bem como das rochas basais. A paisagem constituída por planícies aluviais planas e planaltos e cordilheiras que os separam indica o controlo de falhas em bloco. A drenagem segue as grelhas de falhas mais recentes, na direção N-S, mas as inclinações são assimétricas, dando origem a rios que correm em direcções opostas (Fig. 2.1). Os pequenos rios correm perpendicularmente às cordilheiras e terminam para se juntarem aos rios principais que correm no sentido norte-sul.

Placa 1.3: O deserto de Chalbi olhando para oeste em direção à cordilheira do Monte Kulal com
água no centro

2.4.3 Estratigrafia da Bacia de Chalbi

A sucessão estratigráfica da bacia de Chalbi (Key et al., 1987) foi proposta antes da perfuração dos poços exploratórios (C1, C2 e C3) (Fig. 1.3). As suas observações, que se limitaram aos afloramentos superficiais (Formação Maikona), são, de qualquer modo, muito escassas, cuja idade pode ser do Cretácico (?) ou do Miocénico. As exposições de xistos flácidos, vermelhos, cinzentos-azulados da Formação Maikona e os sedimentos fossilíferos pouco consolidados sobrejacentes assemelham-se, em algumas partes, às unidades litológicas da Formação Lapurr Range (Rop, 2003), exceto pelo facto de que aqui os horizontes conglomeráticos não são numerosos e repetitivos (Placas

38

1.2 a, b).

Placa1.2(a): Placa1.2(b): Clastos de lama em gritstone dos sedimentos da Formação Maikona. Formação Maikona semelhante a Lapurr Range Fm.

Os fósseis dos sedimentos superiores da Formação Maikona incluem restos de vertebrados para os quais foi proposta uma idade Miocénica (anterior a 2,5 Ma) (Key et al., 1987). De qualquer modo, estes sedimentos representam a fase sedimentar mais jovem da bacia de Chalbi. Além disso, têm um carácter lacustre. O contacto litológico superior destes sedimentos com fluxos de lava basáltica é semelhante ao observado na Formação da Cordilheira Lapurr (Rop, 1990; 2003). De qualquer forma, isso não sustenta que as duas sucessões sejam equivalentes em idade. A espessura máxima da Formação Maikona, perto do centro comercial Maikona, na bacia de Chalbi é de cerca de 70 m (Fig. 2.1). Mas existem algumas áreas dentro da bacia onde os fluxos de basalto repousam diretamente sobre as rochas pré-cambrianas (Fig. 3.1).

Esta caraterística litológica da superfície dá uma indicação clara de que a sedimentação, se é que ocorreu durante o Cretáceo ou em épocas mais antigas, deve ter sido restrita a sub-bacias mais pequenas que só podem ser demarcadas por dados geofísicos (Figs. 4.1 e 4.2). Os poços exploratórios (C1, C2 e C3) nesta bacia foram efectuados em 1988/89 pela AMOCO após a conclusão dos trabalhos sismológicos.

A interpretação pormenorizada da gravidade estrutural e dos dados sísmicos ajudou a construir a sucessão estratigráfica. As rochas metamórficas e os gnaisses pré-câmbricos só estão expostos nas cadeias montanhosas Ol Doinyo Ngiro e Ol Doinyo Mora na parte sudoeste da bacia de Chalbi, imediatamente a sul do Monte Kulal (Figs. 4.1 e 4.2). No interior desta bacia (com profundidade do subsolo até 4 km e anomalia bouguer -95 mgal) existe um deserto de Chalbi de baixa altitude, com tendência NW-SE, constituído por depósitos coluviais e aluviais jovens do Holocénico, com água perene frequentemente observada na extensão da região central.

2.4.4 Configuração e estratigrafia da bacia de Chalbi

A estrutura tectónica da bacia subsuperficial de Chalbi, com base nas anomalias de gravidade (anomalias Bouguer) obtidas a partir do mapa de contorno regional que cobre a área de estudo, ajudou a compreender a profundidade da bacia (Rop, 2003). A profundidade do subsolo, a litosfera e o manto superior foram analisados principalmente de acordo com as densidades relativas dos tipos de rocha (Tabela 1.1, Figs. 4.1 e 4.2). No presente caso, verificou-se que é bastante eficaz, uma vez que as rochas do subsolo, bem como a cobertura superior de vulcânica, têm densidades distintamente mais elevadas do que as secções sedimentares preenchidas na bacia. A cobertura basáltica escondeu sob ela uma espessa sucessão de sedimentos mesozóicos e terciários (Fig. 2.1).

Tabela 1.1: Características das velocidades sísmicas (p) das rochas

Tipo de rocha	Vp (km / s)
Ar	0.3
Aluvião, Areia	0.3 - 1.7
Arenitos	2.0 - 4.5
Ardósias e xistos	2.4 - 5.0
Calcários e dolomites	3.5 - 6.0
Sal grosso	4.0 - 5.5
Granitos e gneisses	5.0 - 6.2
Basalto	5.5 - 6.3
Gabro	6.4 - 6.8
Dunite	7.5 - 8.1
Peridotite	7.8 - 8.4

Fonte: Adaptado de Sharma (1976)

NOTA: 1) As velocidades sísmicas mostram frequentemente anisotropia em formações estratificadas. (Por exemplo, nas ardósias, a velocidade ao longo da direção do leito pode ser aproximadamente 10 a 20% mais elevada do que na direção perpendicular).

2) Os efeitos da compactação e da litificação são importantes nas rochas sedimentares para as quais a velocidade depende em grande medida da profundidade de soterramento

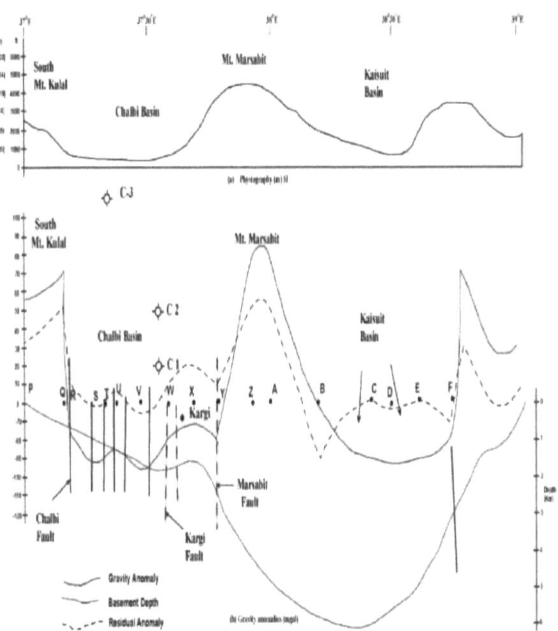

Fig. 4.1: Secção transversal ao longo da latitude 3° 30'N (entre os comprimentos 35° 30'E e 37° E) das bacias de Chalbi e Kaisut

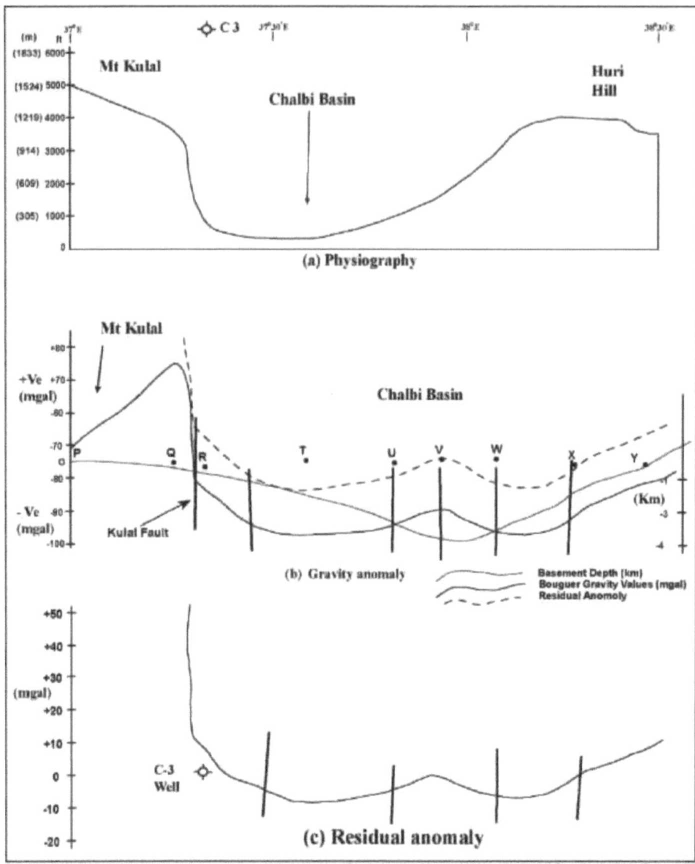

Fig. 4.2: Secção transversal ao longo da latitude 3° N (entre os comprimentos 37° E e 38° 30'E) da bacia de Chalbi

A bacia de Chalbi é delimitada por grandes sistemas de falhas (Figs. 4.1 e 4.2); os perfis gravitacionais do terreno atual indicam que, no interior das bacias, existem sub-bacias, que são semi-grabens assimétricos delimitados apenas de um lado por uma falha principal e do outro lado por um conjunto de falhas. Os riftes ou semi-grabens assimétricos são intracontinentais e os perfis gravitacionais revelam que eles ocorrem caraterísticamente sobre as cristas de arcos regionais do embasamento e do manto ou apenas na crosta continental com um perfil de manto tipo calha.

A paisagem e as estruturas subsuperficiais da bacia indicam, em geral, que a atividade tectónica, o rifting e o processo de formação de falhas em bloco, iniciados no Cretáceo ou antes, continuaram em pulsos durante o Terciário e mesmo durante o Quaternário. Foi possível demarcar dentro da bacia as várias estruturas do tipo horst e graben (Figs. 4.1 e 4.2).

2.4.5 Observações finais

Esta secção inclui discussões, conclusões, avaliação prognóstica e recomendações de locais prováveis para futuras perfurações, tendo em consideração a estrutura subsuperficial e as secções estratigráficas sedimentares que podem ser consideradas como rochas geradoras, rochas reservatório e rochas de cobertura (Winn et al., 1993). É dedicado à correlação de todos os dados, estruturais, geomorfológicos, sísmicos e gravimétricos, bem como dados de raios gama, relativos a perfis de poços de perfuração obtidos dos três poços (C1, C2 e C3) na sequência cretácica da bacia de Chalbi (Figs. 5.1; 5.2; 6.1).

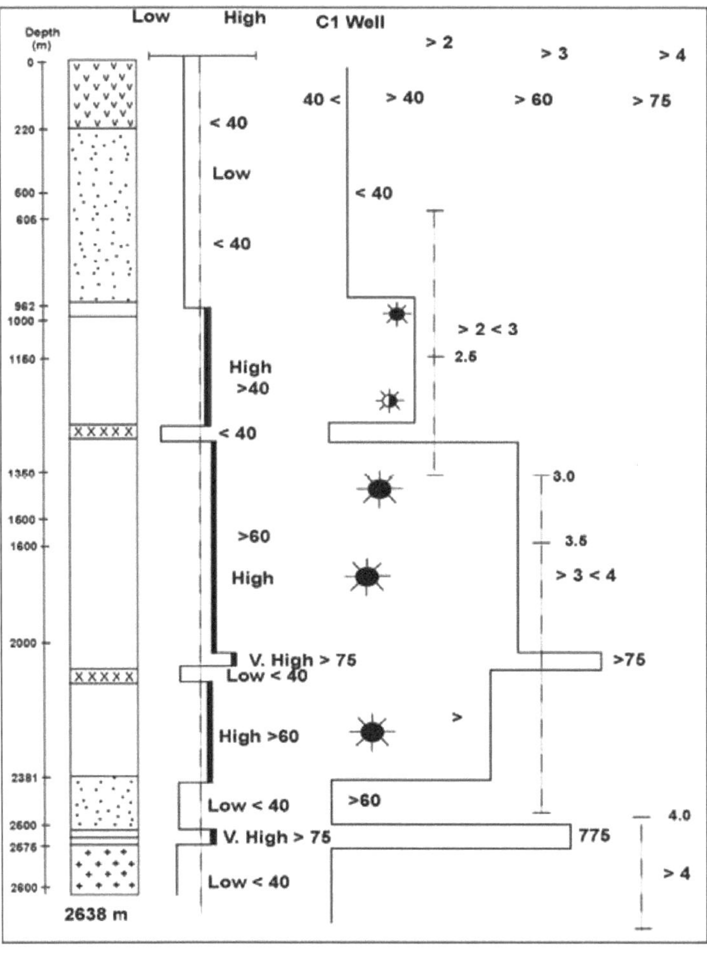

Fig. 5.1: Estratigrafia de componentes do poço C1 com base em raios gama e velocidade de onda p na bacia de Chalbi

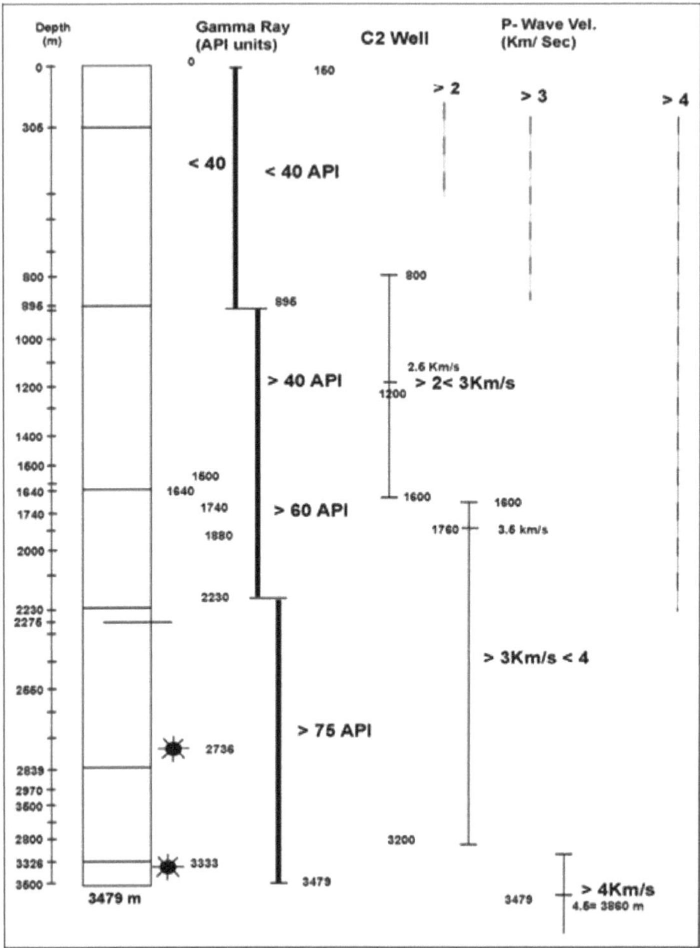

Fig. 5.2: Estratigrafia dos componentes do poço C2 com base nos raios gama e na velocidade da onda p na bacia de Chalbi

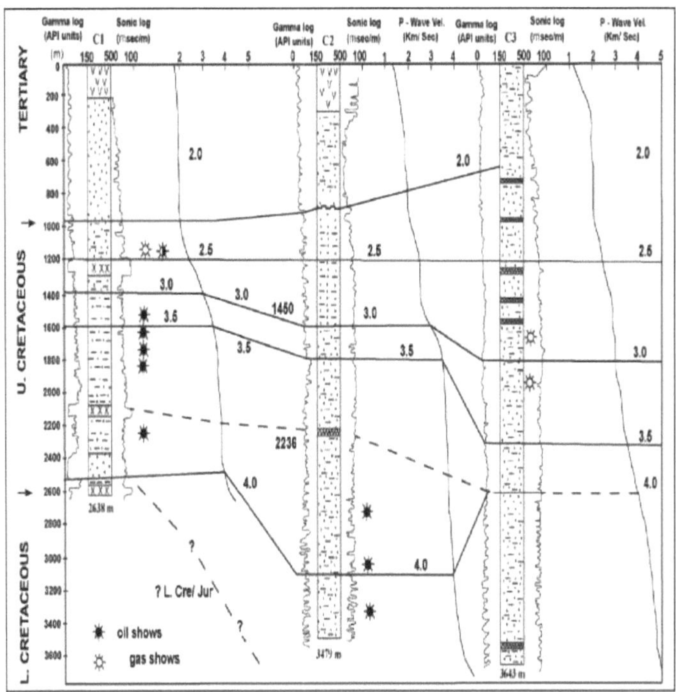

Fig. 6.1: Litologias comparativas dos poços C1, C2 e C3 da Bacia de Chalbi com base em registos de raios gama e sónicos, velocidades de onda p e tempo geológico

A partir da presença palinológica de flora e fauna (McJguire e Serra, 1985) encontrada nestas secções sedimentares, a empresa de perfuração (AMOCO) relatou que os sedimentos são depositados num ambiente deltaico e marinho-lacustre. A sedimentação nesta bacia de rift intracratónica foi controlada por falhas intrabasinais e marginais, algumas das quais atingindo também o subsolo. Ao examinar a estratigrafia de subsuperfície, pretende-se também avaliar o potencial prognóstico de petróleo e gás destas bacias e extrapolar a informação para outras partes destas bacias, bem como para as áreas inexploradas a noroeste da bacia de Lotikipi.

Os estudos efectuados pela AMOCO revelaram a presença de bons reservatórios e de rochas geradoras principalmente no Cretáceo Superior. Com base nas anomalias de gravidade Bouguer, foi possível visualizar a configuração estrutural da parte da bacia de Chalbi em que os três poços foram perfurados. A Figura 7.1 mostra que a localização do poço C1 foi escolhida de modo a atingir a parte mais profunda da secção sedimentar, imediatamente a oeste da falha de Kargi. A figura mostra também que a bacia é pouco profunda em direção à margem ocidental da falha de Chalbi. As secções com rochas geradoras identificadas em C1 são representadas pelas profundidades de 1500 - 1800 m e 2300 - 2390 m. Estas rochas têm valores elevados de raios gama (até 75 unidades API) e valores de velocidade de onda p de 3,3 a 3,9 km/s (Fig. 5.1). A porosidade do intervalo superior da rocha geradora (Rop, 2003) é boa (27%) enquanto a inferior é relativamente baixa (10 - 15%). A profundidade a que ocorrem faria com que a matéria orgânica destes sedimentos (com TOC >5%) sofresse alterações para produzir hidrocarbonetos, uma vez que o gradiente de temperatura seria uma contribuição da atividade ígnea intrusiva de uma data posterior.

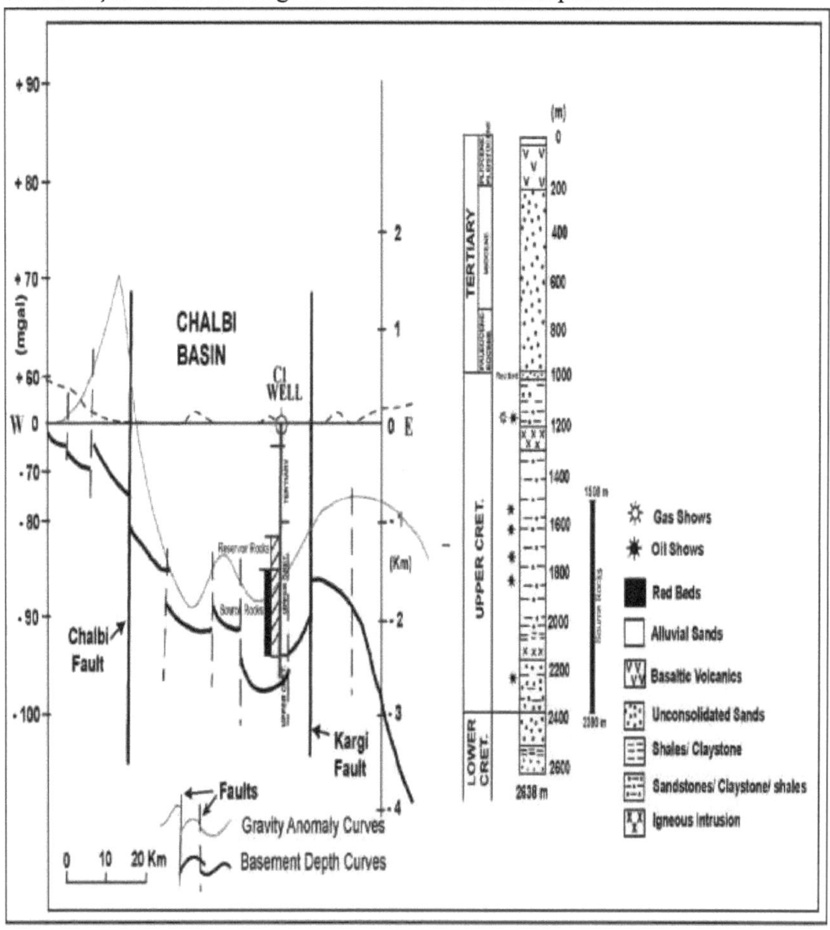

Fig. 7.1: Secção transversal do poço C1 mostrando o subsolo e as curvas de gravidade Bouguer

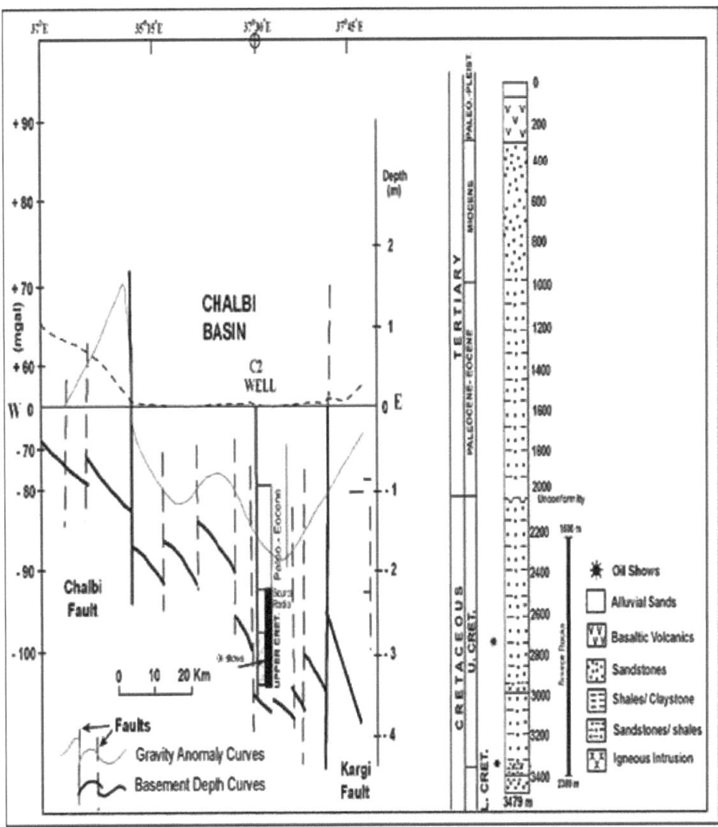

Fig. 7.2: Secção transversal do poço C2 mostrando o subsolo e as curvas de gravidade Bouguer

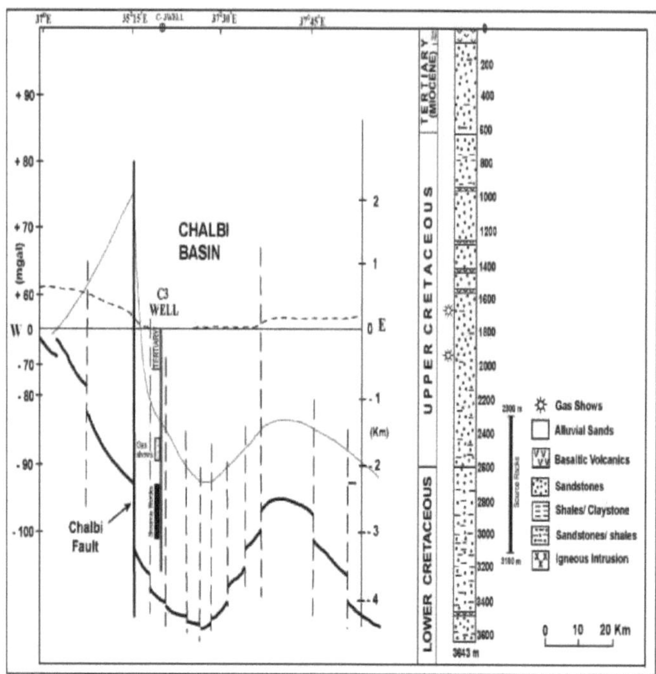

Fig. 7.3: Secção transversal do poço C3 mostrando o subsolo e as curvas de gravidade Bouguer

A secção com os indícios de petróleo e gás relatados no poço C1 seria similarmente constituída de rochas reservatório boas com porosidade boa a razoável (30%). Uma vez que as rochas geradoras e as rochas reservatório não estão muito separadas verticalmente, existe a possibilidade de o petróleo e o gás não terem migrado muito nesta secção do poço. Tanto as rochas geradoras como as rochas reservatório ocorrem apenas na secção estratigráfica do Cretáceo Superior. A sequência do Cretáceo Inferior, toda a secção mais jovem do Cretáceo Superior, bem como as secções do Terciário, não têm rochas potenciais. No entanto, nas zonas a oeste e a leste deste poço C1 (Fig. 8.1), poderá existir um espetáculo de petróleo migrado, tendo em conta as várias falhas intrabasais.

As rochas potenciais a norte podem ser avaliadas pela secção de C2 (Figs. 5.2 e 7.2) perfurada imediatamente a norte de C1. Este poço também revelou profundidades da ordem dos 3500 m. As rochas geradoras foram representadas no intervalo de profundidade 2230 m a 3400 m. São ricas em matéria orgânica com um teor de COT até 2% em peso. Esta secção foi caracterizada por picos gama elevados que variam de 75 a 90 unidades API e velocidades de onda p de 3,8 - 4,1 km/s. Algumas rochas reservatório de porosidade boa a razoável estão também presentes nesta secção de rocha geradora a profundidades de 2730 m a 3370 m. Os reservatórios têm as mesmas características de raios gama e de velocidade de onda p que as rochas geradoras. A secção de rocha geradora, se estendida mais para as áreas mais profundas a leste de C2, teria provavelmente um melhor potencial de petróleo e gás (Fig. 8.1).

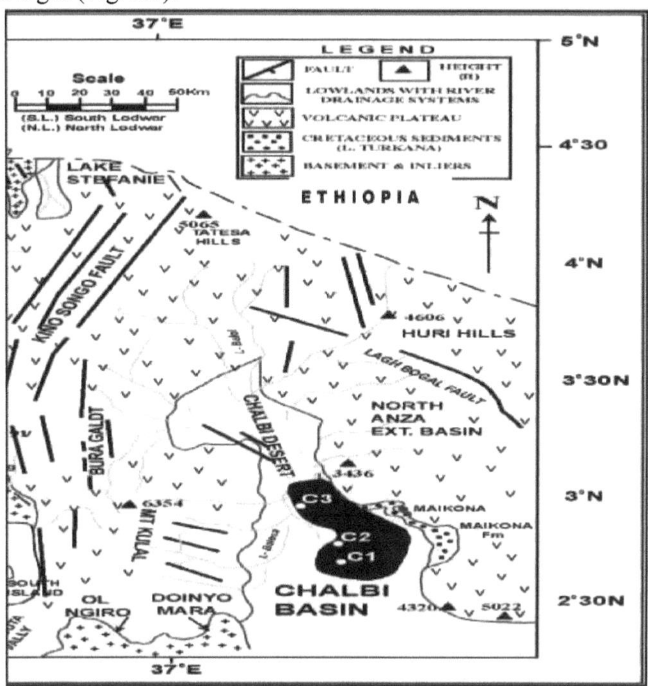

Fig. 8.1: Mapa mostrando as áreas prospectivas prováveis (sombreadas a preto) para hidrocarbonetos (Adotado de Rop, 2003)

Toda a secção que contém rochas geradoras está principalmente confinada à parte estratigráfica do Cretáceo Superior. Os picos mais elevados de raios gama indicam a presença de elementos radioactivos com matéria orgânica, o que aumenta a possibilidade de atingir temperaturas propícias à produção de hidrocarbonetos. As áreas a leste de C2 registaram uma subsidência mais rápida, uma vez que se encontram perto da falha de Kargi (Fig. 4.2). Na secção ocidental há menos possibilidades de potenciais rochas geradoras, mas a migração de petróleo de leste para oeste ao longo de falhas inclinadas não pode ser excluída. Dependerá dos canais, da porosidade e das intercalações de xistos com arenitos.

Ao contrário dos poços C1 e C2, o poço C3 foi perfurado perto da falha de

Chalbi em direção à parte ocidental da bacia (Figs.4.1 e 7.3). Verifica-se que foi novamente perfurado na parte mais profunda da bacia de Chalbi, mas muito a norte. Entre as localizações C1, C2 a sul e C3 a norte, foram interpretadas algumas falhas que se encontram a WNW - ESE a norte do Monte Kulal. O aprofundamento da bacia para oeste nesta secção é um desvio do que é mostrado nos poços C1 e C2. Por conseguinte, parece lógico visualizar que estas falhas de corte em cruz também devem ter contribuído para a subsidência da bacia. A figura mostra localizações de rochas geradoras no intervalo de profundidade de 2300 m a 3100 m, que é comparável com as profundidades atingidas em C1 e C2. As rochas geradoras apresentam valores elevados de raios gama (60 unidades API) e de onda p de 3,6 a 4,5 km/s. As rochas reservatório no poço C3 estão a profundidades pouco profundas (1660 - 1700 m e 1860 - 1960 m), e são caracterizadas por baixos valores de raios gama (36 - 40 unidades API) e valores de onda p de 2,9 a 3,2 km/s.

As jazidas de gás encontradas em C3 encontram-se numa secção que é mais jovem (Cretácico Superior). No entanto, tanto as rochas geradoras como as rochas reservatório em que se encontram as amostras de gás estão dentro da secção estratigráfica do Cretáceo Superior e Inferior. Isto é diferente dos poços C1 e C2, onde as rochas geradoras e as rochas reservatório estão apenas na secção do Cretáceo Superior. Imediatamente a leste do poço C3 (Fig. 7.3), existe a possibilidade de a secção do Cretácico Inferior que contém estas rochas potenciais atingir partes mais profundas da bacia, que terão temperaturas mais elevadas e possíveis elementos radioactivos (Fig. 8.1).

No entanto, as evidências fornecidas pelos dados sísmicos para a bacia subsuperficial de Chalbi foram correlacionadas com a descrição dos litólogos estratigráficos obtidos a partir dos poços C1, C2 e C3 perfurados (Fig. 6.1). Os litólogos foram também examinados à luz dos dados de raios gama, a fim de se obter uma compreensão clara das formações estratigráficas do subsolo em relação aos perfis sísmicos. As características estruturais salientes examinadas, contendo rochas geradoras, rochas reservatório e rochas de cobertura nos estratos portadores de petróleo/gás, com base na gravidade, nos perfis sísmicos e de raios gama, nas porosidades e noutros parâmetros sedimentológicos, ajudaram a caraterizar possíveis alvos de prognóstico futuros (Fig. 8.1) e as suas implicações para a prospeção e exploração de hidrocarbonetos.

2.5 Bacia do Lago Turkana

2.5.1 Introdução

Este estudo revela características estruturais subterrâneas e permite uma melhor compreensão das sequências de rochas sedimentares, que se crê pertencerem à idade Cretácica-Terciária, que foram depositadas sob a vasta Bacia do Lago Turkana (Noroeste do Quénia). Os mapas de anomalias gravitacionais e os perfis sísmicos revelaram a presença de vários sistemas estruturais do tipo horst e graben. Foi também revelado que a bacia poderia ter atraído potenciais pilhas sedimentares petrolíferas (? 2000-5200 m de espessura) que se encontram depositadas em rochas de base de idade pré-cambriana.

A bacia do Lago Turkana situa-se entre as longitudes 35° 45'E e 36° 48'E e as latitudes 2° 25'N e 4° 38'N. A bacia foi iniciada como um graben assimétrico delimitado pelos sistemas de falhas N-S durante o período Terciário. No centro da bacia encontra-se o Lago Turkana (antigo Lago Rudolf), um dos maiores lagos do braço oriental do sistema do Rift da África Oriental (Fig. 1).

2.5.2 Contexto geológico e fisiográfico da bacia do Lago Turkana

A Bacia do Lago Turkana situa-se ao longo do Vale do Rif do Quénia, que forma o braço oriental do sistema do Rift da África Oriental (Figs. 1 e 3). O período de rifteamento na bacia do Turkana ocorreu entre o Mesozoico Final e o Terciário Inicial, durante o qual as sub-bacias que se formaram se estenderam nas direcções norte-sul; o rifteamento foi principalmente na direção este-oeste. Durante este rifting, houve um derramamento estupendo de lavas basálticas que cobriram extensivamente todo o norte do Quénia. Estas lavas ocultaram sob elas um grande terreno de rochas mais antigas que compreendem as rochas de base pré-cambrianas e os sedimentos preenchidos nas bacias de rift (Rop, 2002; 2003). Assim, não são possíveis observações directas sobre as possíveis sequências sedimentares mesozóicas e terciárias.

A bacia do Lago Turkana faz parte do rifting do início do Oligoceno-Mioceno. A bacia de Chalbi, a leste do Lago Turkana, e a bacia de Lotikipi, a oeste do lago, não fazem parte deste rifting terciário. Pertencem ao rifting do Paleozoico tardio (Key et al., 1989, Winn et al., 1993) e devem estender-se no subsolo na direção NW em direção ao Sudão, onde foram registadas descobertas de petróleo (Schull, 1988). O estudo do rifting intracontinental e das características estruturais subsuperficiais associadas, causadas por tensões tectónicas extensionais, é fundamental para uma província de exploração eficaz de hidrocarbonetos (Rop, 2003, Harding 1984).

2.5.3 Lago Turkana, planícies aluviais e sistemas de drenagem

O Lago Turkana é o maior lago do braço oriental do Vale do Rift da África Oriental. É um lago controlado tectonicamente que ocorre no centro da atual área de estudo. Com cerca de 240 km de comprimento e 50 km de largura, tem uma profundidade máxima de 120 m (Johnson *et al.*, 1987). O nível da água no lago flutua com as variações da precipitação e as taxas de evaporação. O lago é alimentado pelo rio Omo (que drena as terras altas da Etiópia), a norte, e pelos sistemas fluviais perenes Turkwell-Kerio, que drenam a parte ocidental da atual área de estudo (Fig. 2). Estes rios, que correm predominantemente para sul e para norte em direção ao lago, traçam as principais falhas de tendência norte-sul. Sendo o ambiente muito quente e árido, o lago não tem escoamento à superfície nem drenagem subterrânea. A água é alcalina (pH 9,2), moderadamente salina, com um total de sólidos dissolvidos de cerca de 2500 partes por milhão (Yuretich, 1986).

Supõe-se que o Lago Turkana se tenha desenvolvido tectonicamente durante o período Miocénico-Pliocénico inicial, com um grande rifting de idade Pliocénica a formar as falhas marginais de tendência norte-sul nas partes noroeste e central do lago (Ochieng' et al., 1988, Wilkinson, 1988). É delimitado pelas principais falhas normais de tendência N-S e pelos domos quenianos e etíopes que confinam com a extremidade norte do Vale do Rift Gregory do Quénia, toda a depressão entre estes dois domos está relacionada com o rift; o rifting influenciou fortemente a história da sedimentação nesta região.

Diz-se que o próprio Lago Turkana faz parte da estrutura de half-graben com altos estruturais intermitentes, aprofundando-se progressivamente para norte devido à subsidência tectónica (Johnson et al., 1987). Dunkelman (1986) sugeriu que o Lago Turkana é intersectado obliquamente também por algumas estruturas pré-rifte da Bacia do Norte de Anza, que é uma bacia de orientação NW-SE preenchida com sedimentos cretácicos, com uma espessura prevista de 2500 m a 4000 m. As planícies planas em redor do lago (por exemplo, Koobi Fora a noroeste) contêm sedimentos quaternários de idade Plio-Pleistocénica (Brown e Feibel, 1986, Wilkinson, 1988, Ochieng' *et al*, 1988). Estas áreas são nitidamente transectadas por pequenos riachos que correm no sentido este-oeste. Estes rios não seguem a tendência principal de drenagem norte-sul desta região fisiográfica.

As zonas aluviais baixas com sedimentos do Plio-Pleistocénico ocorrem intermitentemente entre os planaltos vulcânicos do Terciário e as cordilheiras do subsolo. Os rios que atravessam estas planícies têm grandes curvas súbitas que são também controladas tectonicamente. Os sistemas regionais de rifting e de falhas impuseram restrições aos cursos dos rios. As terras baixas são mais dominantes ao longo das secções traçadas nas latitudes 3° N e 3° 30'N (Fig. 2). Mais a sul, na linha de secção 2° 30'N, não existem montes de altitudes muito elevadas como o monte Kulal. O terreno é baixo mas muito ondulado. Em geral, as escarpas íngremes são vistas ao longo da secção mais a norte e em ambos os lados do Monte Kulal ao longo da secção a 3° N de latitude.

Os rios Turkwell e Kerio, que drenam a área de origem do subsolo predominantemente metamorfoseado, convergem subsequentemente e formam um delta nas margens centro-sudoeste do Lago Turkana. As rochas basálticas pré-cambrianas estão esparsamente expostas sob a forma de inliers e cordilheiras, particularmente na cordilheira Lapurr a noroeste, na zona de Kajong-Porr a sudeste e no planalto de Loriu a norte, nas margens sudoeste do lago Turkana (Fig. 2). Estas rochas basais são provavelmente extensões das rochas pré-cambrianas dos grupos gnáissicos de Samburu a sul do lago (Key et al., 1987).

2.5.4 As Sequências Sedimentares da Serra do Lapurr

As rochas do embasamento na Cordilheira Lapurr (a secção "tipo" para a geologia de superfície no presente estudo) são vistas como estando inconformavelmente sobrepostas por sedimentos inicialmente denominados "Turkana Grits" por trabalhadores anteriores. Este termo designa sedimentos siliciclásticos de grão geralmente grosseiro entre o subsolo e os volânicos do Terciário. Estas sequências sedimentares produziram restos de madeira e fósseis de dinossauros (Savage e Williamson, 1986, McJGuire e Serra, 1985) na cordilheira Lapurr, imediatamente a noroeste do lago Turkana (Fig. 2). Estes foram descritos como depósitos continentais fluvio-lacustres e fluvio-deltaicos (até 600 m de espessura), constituídos por arenitos de grão fino a grosseiro, conglomerados de seixos a calhaus e siltitos ou xistos intercalados entre os arenitos e os conglomerados. Foram designados como a Formação da Cordilheira Lapurr (Rop, 2003).

Os sedimentos a leste da Bacia do Lago Turkana (à volta da área de Kajong-Porr) foram descritos como misturas de estratos siliciclásticos e vulcaniclásticos designados por Formações Sera Iltomia e Kajong, respetivamente (Savage e Williams, 1986, Rop, 1990, Wescott et al, 1993). Pensa-se que os sedimentos siliciclásticos de Sera Iltomia são do Cretáceo Superior (?) ao Miocénico, enquanto os sedimentos e vulcões de Kajong são do Miocénico. Os basaltos volumosos (Oligoceno Superior-Mioceno a Plioceno) cobrem a Cordilheira Lapurr e os sedimentos Kajong-Porr e, por sua vez, são sobrepostos por sedimentos pós-vulcânicos de idade Plio-Pleistocénica a Holocénica, particularmente na sub-bacia de Koobi Fora, semelhante a um horst-graben, a noroeste da Bacia do Lago Turkana. Os ambientes de deposição nas margens da bacia do Lago Turkana proporcionaram condições de vida adequadas a uma prolífica fauna de vertebrados durante o Terciário e o Quaternário, resultando num elevado potencial de preservação dos registos fósseis de hominídeos (Brown e Feibel,

1986, Harris et. al., 1988).

Propõe-se, portanto, examinar neste documento a estrutura tectónica da bacia subsuperficial do Lago Turkana à luz dos contornos de profundidade do subsolo e das anomalias de gravidade dos mapas de contorno estrutural regional BEICIP, 1987 (Figs. 4 e 5). Os mapas de anomalias gravitacionais e os perfis sísmicos foram muito úteis para as interpretações das características estruturais da subsuperfície, desvendando assim a província deposicional das sequências de rochas sedimentares (? 2000-5200 m de espessura), que se crê pertencerem à idade (?) Cretáceo-Terciária, que foram depositadas no vasto lago.

Os valores da gravidade, tanto a leste como a oeste da bacia do Lago Turkana, são maioritariamente positivos, na ordem dos 20 a 40 mgals (Fig. 4). Nas zonas de Koobi Fora e Moiti, a leste da bacia, a gravidade é positiva (+40 e +20 mgals, respetivamente). Observam-se algumas anomalias negativas da gravidade nas zonas em torno da Ilha do Norte (-90 mgal) no interior do lago, de Eliye Springs (-70 mgal) a sudoeste do lago e da Ilha do Sul (-70 mgal) na parte sul do lago.

2.5.5 Estruturas de subsuperfície e tectónica na bacia do Lago Turkana

A Bacia do Lago Turkana situa-se ao longo do Vale do Rif do Quénia, que forma o braço oriental do sistema do Rift da África Oriental (Figs. 1 e 3). O período de rifteamento na bacia do Turkana ocorreu entre o Mesozoico Final e o Terciário Inicial, durante o qual as sub-bacias que se formaram se estenderam nas direcções norte-sul; o

O rifteamento ocorreu principalmente na direção este-oeste. Durante este rifteamento, houve um derrame estupendo de lavas basálticas que cobriram extensivamente todo o norte do Quénia. Estas lavas ocultaram sob elas um grande terreno de rochas mais antigas, incluindo as rochas de base pré-cambrianas e os sedimentos preenchidos nas bacias de rift (Rop, 2002; 2003). Assim, não são possíveis observações directas sobre as possíveis sequências sedimentares mesozóicas e terciárias.

A bacia do Lago Turkana faz parte do rifting do início do Oligoceno-Mioceno. A bacia de Chalbi, a leste do Lago Turkana, e a bacia de Lotikipi, a oeste do lago, não fazem parte deste rifting terciário. Pertencem ao rifting do Paleozoico tardio (Key et al., 1989, Winn et al., 1993) e devem estender-se no subsolo na direção NW em direção ao Sudão, onde foram registadas descobertas de petróleo (Schull, 1988). O estudo do rifteamento intracontinental e das características estruturais subsuperficiais associadas causadas por tensões tectónicas extensionais é fundamental para uma província de exploração de hidrocarbonetos eficaz (Rop, 2003, Harding

1984). Propõe-se, portanto, examinar neste documento a estrutura tectónica da bacia subsuperficial do Lago Turkana à luz dos contornos de profundidade do subsolo e das anomalias de gravidade dos mapas de contorno estrutural regional BEICIP, 1987 (Figs. 4 e 5). Os mapas de anomalias gravitacionais e os perfis sísmicos foram muito úteis para as interpretações das características estruturais da subsuperfície, desvendando assim a província deposicional das sequências de rochas sedimentares (? 2000-5200 m de espessura), que se crê pertencerem à idade (?) Cretáceo-Terciária, que foram depositadas no vasto lago.

Os valores da gravidade, tanto a leste como a oeste da bacia do Lago Turkana, são maioritariamente positivos, na ordem dos 20 a 40 mgals (Fig. 4). Nas zonas de Koobi Fora e Moiti, a leste da bacia, a gravidade é positiva (+40 e +20 mgals, respetivamente). Observam-se algumas anomalias negativas da gravidade nas zonas em torno da Ilha do Norte (-90 mgal) no interior do lago, de Eliye Springs (-70 mgal) a sudoeste do lago e da Ilha do Sul (-70 mgal) na parte sul do lago.

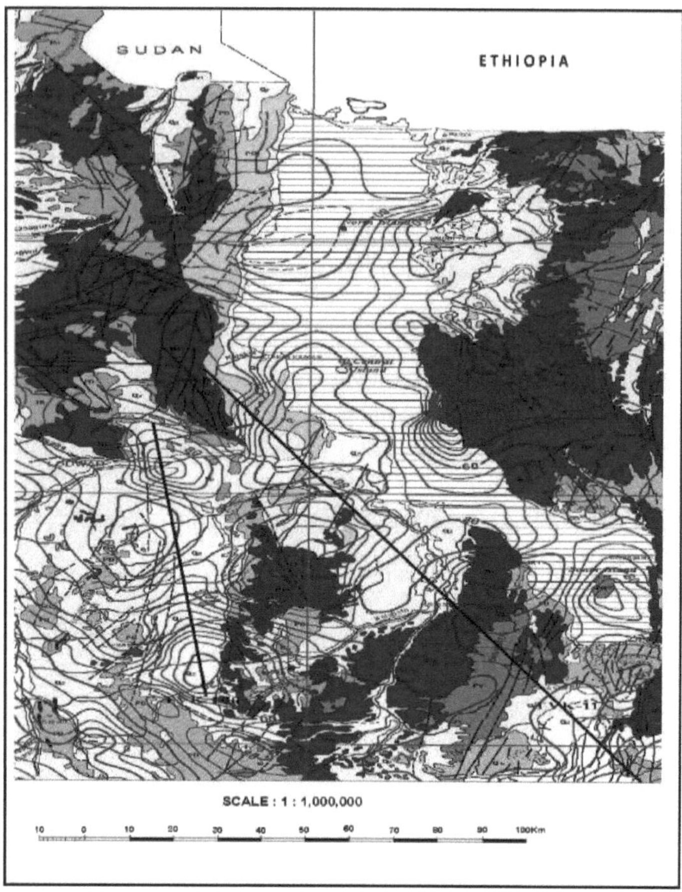

Fig. 4: Mapa de contorno da gravidade Bouguer sobre a bacia do Lago Turkana (Adotado
do mapa geológico do BEICIP-Ministério da Energia, 1987)

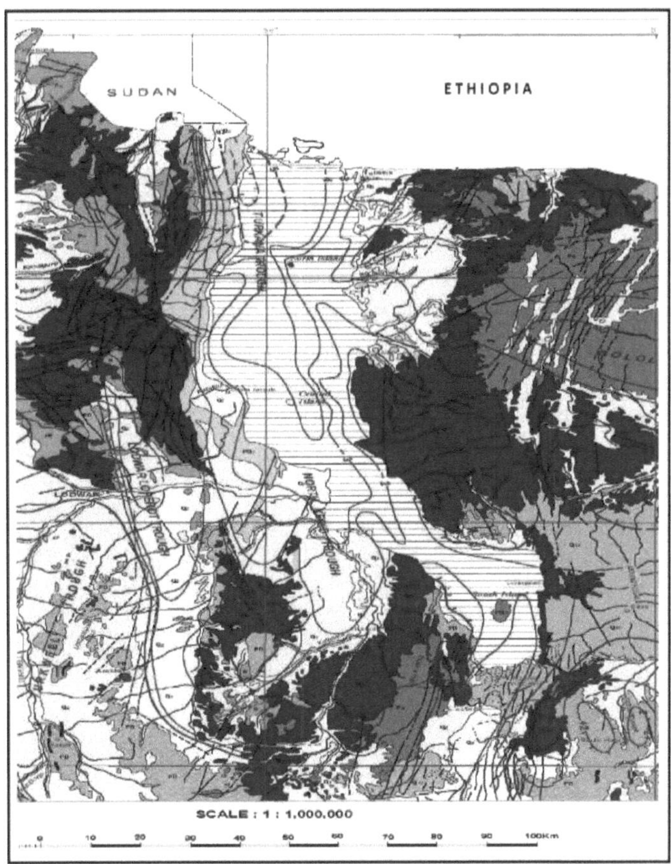

Fig. 5: Mapa de contorno do subsolo mostrando as profundidades do subsolo no Lago Turkana (Adotado de BEICIP-Ministry of Energy Geological Map, 1987)

2.5.5.1 Secção transversal de gravidade ao longo de 4° N Latitude

A direção dos contornos da anomalia da gravidade Bouguer é maioritariamente norte-sul. Uma secção transversal ao longo da latitude 4° N (Figs. 2, 4, 6) através da bacia do Lago Turkana revela um par de variações acentuadas de anomalias, que indicam características de subsuperfície, tais como a espessura dos sedimentos, a profundidade do subsolo e a direção do raso e do aprofundamento (Rop, 2002, 2003). A leste da longitude 35° 30'E as anomalias de gravidade tornam-se acentuadamente negativas (variando de -60 a -90 mgal). Esta é a área que se estende desde as margens ocidentais das colinas vulcânicas Murua Rith-Lokitaung de tendência N-S (ponto X) para leste até ao sudoeste imediato da Ilha do Norte (ponto R). Do ponto R para leste, as anomalias gravitacionais tornam-se apenas suavemente positivas de -90 a -80 mgal até ao ponto T. As anomalias mostram um salto e tornam-se positivas (-75 mgal a +75 mgal), representando uma estrutura de horste coberta por vulcões sob o ponto U na secção.

A partir do mapa de contorno de profundidade do embasamento (Figuras 5 e 6), verifica-se que o embasamento também está a aprofundar (de -1 km para -4 km) em direção ao centro do lago, a oeste da Ilha Norte. Este aprofundamento é visto como tendo sido efectuado em duas fases. A partir do ponto X, o embasamento sobe de -2 km para -1 km até ao ponto P e depois aprofunda-se abruptamente para -2 km no ponto Q. O embasamento aprofunda-se ainda mais para leste, primeiro suavemente até ao ponto R e depois abruptamente para -4,2 km no ponto S. A partir do ponto S, o embasamento também sobe abruptamente, primeiro de -4,2 km para -3 km no ponto T e depois suavemente para cerca de -2 km no ponto U.

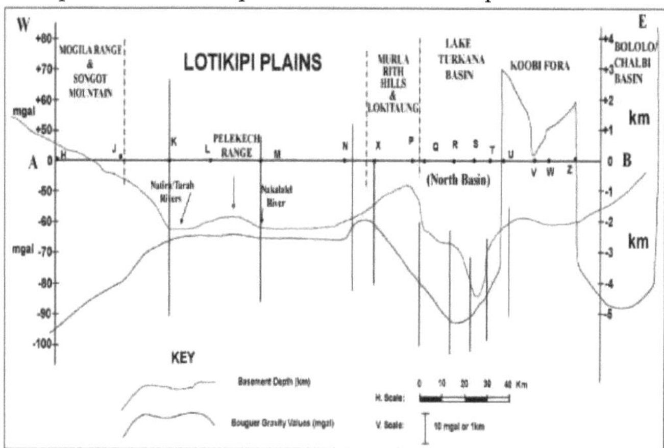

Fig. 6: Secção W-E do perfil de gravidade Bouguer e valores do subsolo ao longo da Latitude 4° 00'N. Entre as longitudes 34° 25'E e 36° 30'E através das bacias do Lotikipi e do Lago Turnana

A partir das variações acima referidas na profundidade do subsolo e da negatividade acentuada das anomalias gravitacionais, pode concluir-se que 1) a área foi submetida a uma tectónica ativa vertical e 2) o manto superior nesta região sofreu uma descida acentuada. Há uma série de falhas, algumas das quais são profundas e afectaram também o subsolo. O sentido do movimento entre o ponto P e o ponto S é o de uma descida. Pode assim concluir-se que a bacia representa aqui uma estrutura de graben delimitada por falhas sob os pontos X e U. Outras falhas intrabasais sob os pontos P, Q, R e S podem também ser assinaladas. A magnitude do aprofundamento, a oeste da Ilha do

Norte, é muito menor do que a leste. A região a leste dos ombros da bacia, para além do ponto U, representa uma estrutura horst de relevo, enquanto a própria bacia do Turkana parece ser um semi-graben.

Os contornos do embasamento (Fig. 5) indicam igualmente uma estrutura de semi-graben mais profunda em direção à margem noroeste do lago (os contornos de profundidade aumentam de -3 km para -5 km). Isto implica que o enchimento de sedimentos se aprofunda progressivamente não só para leste, sob os pontos R e S, mas também para norte. O quadro gravitacional da bacia do Lago Turkana contrasta fortemente com o da região imediatamente a leste e a oeste. Nas planícies de Lotikipi, a oeste, as anomalias de gravidade quase não registaram variações ao longo desta latitude, enquanto a leste, na região de Koobi Fora, se observam anomalias altamente positivas. Assim, as falhas na bacia do Turkana parecem estar mesmo a atingir o manto, provocando uma descida do manto. Em comparação, o manto foi subido sob as planícies de Lotikipi e foi fortemente projetado para cima sob a região de Koobi Fora. Entre os pontos X e P, as falhas derrubaram o embasamento, mas também afectaram o manto.

2.5.5.2 Secção transversal de gravidade ao longo de 3° 30'N Latitude

A secção transversal ao longo da latitude 3° 30'N (Figs. 2, 4 e 7) através da parte central da Bacia do Lago Turkana, na área da Ilha Central (long. 36° 05'E) revela, mais ou menos, características de subsuperfície semelhantes às do norte (secção transversal 4° N latitude). As anomalias gravitacionais positivas (+50 a +70 mgals) entre os longs. 35° 40'E e 35° 45'E sobre as colinas vulcânicas de Lothidok (pontos C e O) marcam a margem ocidental da bacia. Do ponto O para leste, a anomalia desce subitamente para -75 mgal no ponto E.

Mais a leste, a negatividade varia suavemente em direção à parte central do lago até à longitude 36° E (-85 mgal) no ponto F, que se situa imediatamente a oeste da ilha Central. A partir do ponto F até ao ponto G (-85 a -75 mgal), a negatividade torna-se ligeiramente positiva, passando subitamente (ponto H) a ser altamente positiva (de -70 a +70 mgal) na zona de Moiti, que forma a margem oriental da bacia (Fig. 4).

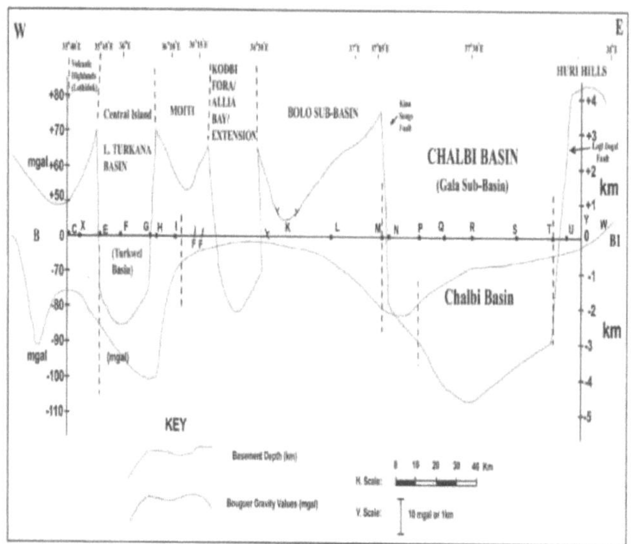

Fig. 7: Secção W-E do perfil da gravidade Bouguer e dos valores da profundidade do subsolo ao longo da Latitude 3° 30'N. Entre as longitudes 31° 15'E e 37° 30'E através do Lago Turkana a norte da Bacia de Chalbi

A partir do mapa de contornos de profundidade do subsolo (Figs. 5 e 7), o subsolo também está a aprofundar-se suavemente (de -1,5 km a -4 km) da margem ocidental (ponto C) da bacia para a margem oriental (ponto H). Verifica-se que o subsolo se aprofunda mais perto da margem oriental da bacia, de -1 km a -4 km (pontos C e H). Do que precede pode concluir-se que a bacia é delimitada por falhas que afectaram o subsolo, e até mesmo o manto superior. É também possível delimitar uma série de falhas que se estendem no sentido norte-sul. Entre estas, as falhas sob o ponto C e o ponto H formam a margem ocidental e oriental, respetivamente. Dentro destas duas grandes falhas marginais, encontram-se falhas intra-basais sob os pontos O, E, F e G. As falhas da margem ocidental (sob os pontos O, E e F) mergulham suavemente para leste, enquanto as falhas da margem oriental (sob os pontos G, H e I) mergulham abruptamente para oeste. As falhas marginais e intra-basinais contribuíram subsequentemente para a formação de uma estrutura de meio-graben no centro da bacia.

A partir do mapa de contornos de profundidade do subsolo (Figs. 5 e 7) pode ser interpretada uma estrutura de meio-graben, que é mais profunda a leste imediato da Ilha Central (4 km). A estrutura do gráben atinge a direção N-S e parece aprofundar-se para norte. Tal como na secção anterior (3.1.1), a magnitude do aprofundamento, a leste da Ilha Central, é muito maior do que a oeste. As regiões dos ombros ocidental e oriental da bacia, para além dos pontos O e H, representam estruturas horst, enquanto a bacia do Lago Turkana é um semi-graben.

2.5.5.3 Secção transversal da gravidade ao longo de 3° N Latitude

A secção transversal ao longo da latitude 3° N (Figs. 2, 4, 8) atravessa as duas bacias subsuperficiais: Bacias de Kerio Norte e Turkana. A bacia de Kerio Norte junta-se à bacia do Lago Turkana por volta da longitude 36° E e estende-se para sul. A secção revela contornos de anomalias Bouguer de orientação N-S e características de subsuperfície semelhantes às da secção transversal de latitude 3° 30'N (secção 3.1.2). Imediatamente a leste da longitude 36° E (Fig. 4), a anomalia de gravidade desce no rio Lokichar de um mínimo de -70 mgal para -80 mgal em direção a leste, formando a margem ocidental da bacia do Turkana (pontos C/B a ponto J na Fig. 8). A anomalia da gravidade torna-se então suavemente positiva para leste (de -80 mgal a -75 mgal) até ao ponto K, variando depois subitamente de forma acentuada para se tornar positiva (-75 a +75 mgal) sob os pontos M e A na secção. Do ponto A ao ponto E, que é a margem oriental da bacia, as anomalias positivas da gravidade diminuem suavemente de +75 mgal para +45 mgal.

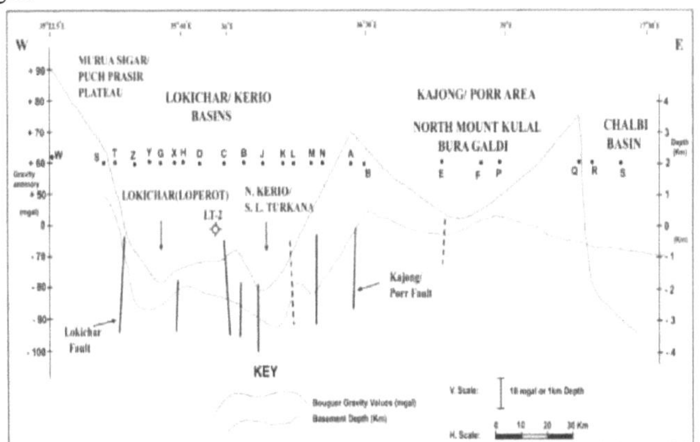

Fig. 8: Secção W-E do perfil da gravidade Bouguer e dos valores da profundidade do subsolo ao longo da Latitude 3° 00'N. Entre as longitudes 35° 25.5'E e 37° 30'E através das bacias de Lokichar, Kerio Norte, Lago Turkana e Chalbi

A partir do mapa de contornos de profundidade do subsolo (Fig. 5) e da Figura 8, o subsolo também está a aprofundar-se suavemente de -1,8 km no ponto H, na margem oriental da bacia de Lokichar para leste até ao ponto K (-3,2 km) e sobe suavemente para - 2 km no ponto L. A partir do ponto L, a inclinação é mais suave, passando pelo ponto M (-2 km) até ao ponto N (-2,2 km), onde se torna subitamente íngreme e positiva até ao ponto B (+0,5 km) na longitude 36° 30'E; na zona de Kajong/Porr, formando a margem sudeste da bacia do Lago Turkana (Figs. 2 e 4). O rifting e as falhas nesta área têm estado activos desde o Terciário até ao Quaternário, controlando assim também o sistema de drenagem fluvial nesta parte da bacia.

Comparando as secções nas latitudes 4° N e 3° 30'N, pode concluir-se que a profundidade do subsolo diminui para sul e aumenta para norte (Figs. 5, 6 e 7). Pode dizer-se que a sequência sedimentar na bacia do Lago Turkana se torna mais espessa de sul para norte. A região a oeste dos ombros do lago (ponto H) representa outra estrutura de graben (sub-bacias de Lokichar/Kerio), enquanto a região a leste da falha sob o ponto N representa um horst (zona de Kajong/Porr). A própria bacia do lago Turkana é um semi-graben.

2.5.5.4 Secção transversal da gravidade ao longo de 2° 30'N Latitude

A secção transversal ao longo da latitude 2° 30'N (Fig. 9), mais a sul, assemelha-se às desenhadas nas latitudes norte (Figs. 2, 6 - 8). Tanto as anomalias de gravidade Bouguer como a profundidade do subsolo mergulham para leste desde o ponto A até ao ponto E. A leste do ponto E, tanto o subsolo como as anomalias de gravidade sobem suavemente; o subsolo sobe de -2,2 km até à superfície na margem sul do Monte Kulal (Fig. 2) e a anomalia de gravidade sobe de -80 mgal para -65 mgal. Na margem oriental da bacia, a anomalia da gravidade aumenta para +65 mgal (ponto M). Pode concluir-se que a bacia representa um simples graben delimitado por falhas nos pontos A e M. Podem também ser interpretadas algumas falhas intra-basinais entre os pontos H e C. A parte central deste graben é a região mais profunda, mas a profundidade do embasamento é a mais rasa quando comparada com as secções ao longo das latitudes setentrionais. Parece que o Lago Turkana se aprofunda de sul para norte. As falhas interpretadas afectaram certamente os sedimentos, o embasamento e talvez também o manto superior. Tanto no lado oriental como no lado ocidental desta bacia, podem ser interpretadas estruturas horst nas quais se localizam os afloramentos superficiais de fluxos basálticos.

Este estudo do rifteamento intracontinental do Lago Turkana e das características estruturais subsuperficiais associadas, causadas por tensões tectónicas extensionais, é fundamental para áreas-alvo provavelmente prospectivas de petróleo (Fig. 10) identificadas a partir dos perfis de gravidade das secções transversais acima. A bacia do Turkana revelou a presença de vários sistemas estruturais do tipo horst e graben.

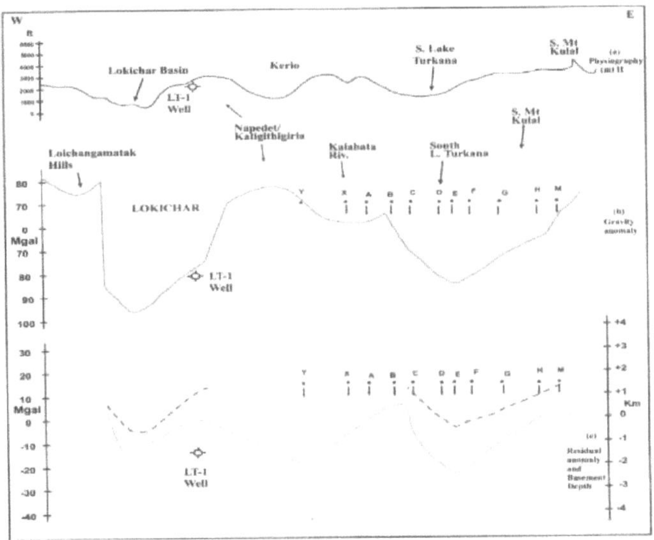

Fig. 9: Secção W-E do perfil dos valores da anomalia da gravidade Bouguer ao longo da Latitude
2° 30'N. Entre as longitudes 35° 30'E e 37° 00'E através de Lokichar, Norte
Bacias do Kerio e do Lago Turkana

Foi também revelado que a bacia poderia ter atraído potenciais pilhas sedimentares petrolíferas (? 2000-5200 m de espessura) que são depositadas em rochas basais de idade pré-cambriana e posteriormente cobertas por vulcânicas do Terciário/Quaternário.

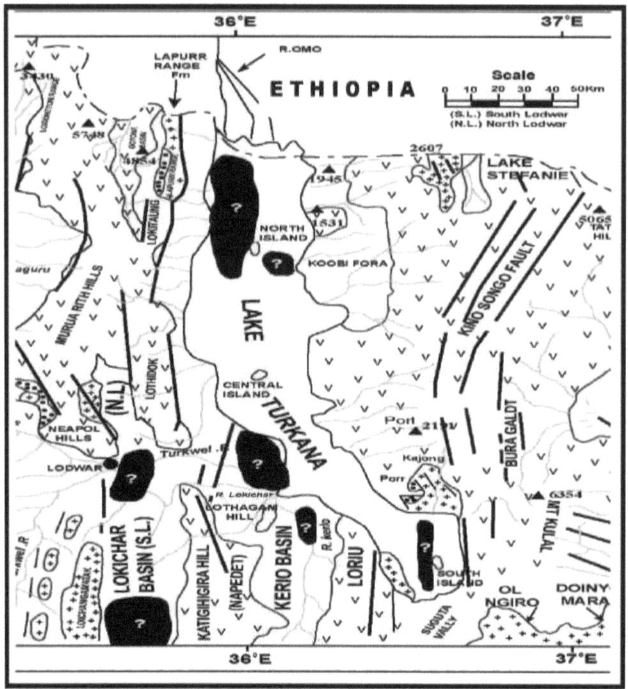

Fig. 10: Mapa com as áreas de provável prospeção petrolífera (sombreado a preto) em
as sub-bacias assimétricas e de meio-graben relacionadas com a fenda do Lago Turkana.

2.5.6 Observações finais sobre os sistemas deposicionais na bacia do Lago Turkana

A partir dos quatro cortes transversais acima referidos, pode concluir-se que toda a bacia subsuperficial do Lago Turkana é delimitada por falhas de orientação N-S e que a espessura dos sedimentos parece ser máxima a norte e menor a sul, uma vez que a bacia parece estar a aprofundar-se para norte. A natureza da bacia subsuperficial é do tipo half-graben, que se aprofunda e se torna mais complexa de sul para norte. Parece haver variações na profundidade do subsolo nesta parte da bacia, desde lats. 2° 30'N a 4° 30'N. Verifica-se que entre as lat. 2° 30'N e 3° N o subsolo é pouco profundo e fica exposto à superfície. Trata-se de uma estrutura tipo horst que parece ser controlada por falhas E-W. Para além da latitude 3° 30'N, o subsolo aprofunda-se subitamente como foi interpretado anteriormente; torna-se mais profundo entre as latitudes 4° N e 4° 15'N. A estrutura de subsuperfície entre as latitudes 2° 50'N e 3° 45'N, baseada em perfis de gravidade e na profundidade do subsolo, mostrou que a bacia também se aprofunda para leste; mais profunda para norte entre as latitudes 3° 30'N e 4° 30'N. Assim, a estrutura subsuperficial é muito complicada, caracterizada por rebaixamentos e levantamentos irregulares relacionados primeiro com a falha E-W e depois com a falha N-S na bacia.

Os perfis gravitacionais do terreno atual da bacia do Lago Turkana indicaram que, no interior da bacia, existem sub-bacias, que são meias-grabens assimétricas limitadas apenas de um lado por uma falha principal e do outro lado por um conjunto de falhas. As falhas principais definem os limites com um horst de rochas basais sem cobertura vulcânica ou com uma enorme cobertura vulcânica. Os riftes ou semi-grabens assimétricos são intracontinentais e os perfis gravitacionais revelam que eles ocorrem caraterísticamente sobre as cristas de arcos regionais do embasamento e do manto, ou, apenas na crosta continental com um perfil de manto tipo calha.

Os sedimentos preenchidos são predominantemente não marinhos, mas é possível que haja alguma influência marinha durante o preenchimento inicial dos sedimentos da parte da bacia da Formação Lapurr (Cretáceo). Os gradientes geotérmicos das bacias do Cretáceo e do Terciário devem ter sido diferentes, em consequência do afloramento não uniforme do manto, como revelado pelos perfis de anomalias de gravidade. Os perfis estruturais também revelaram que a bacia poderia ter atraído potenciais sequências sedimentares petrolíferas que se encontram depositadas em rochas basais de idade pré-cambriana por baixo da vasta bacia do Lago Turkana. Futuras perfurações e descobertas de fósseis fornecerão atributos estratigráficos adicionais a estes sedimentos sismicamente definidos na Bacia do Turkana.

2.6 Sistema da bacia hidrográfica de Lokichar-North Kerio

As interpretações de perfis sísmicos e gravitacionais nas sequências de rochas sedimentares terciárias subsuperficiais do sistema da bacia do rift de Lokichar-North Kerio (NW-Quénia) foram utilizadas para avaliar prognósticos de possíveis alvos potenciais para a exploração petrolífera. O sistema da bacia é segmentado como parte do Rift Terciário do Quénia, com tendência N-S, pertencente ao grande Rift da África Oriental causado pela tectónica extensional do rift E-W. Os testemunhos de perfuração pertencentes a dois poços; Loperot e Eliye Springs (designados por poços LT-1 e LT-2) nos sistemas das bacias de Lokichar Sul (calha de Loperot) e Kerio-Turkana Norte, respetivamente, foram de grande importância na correlação de divisões sedimentares com a ajuda de valores de raios gama e velocidades sísmicas (valores de onda p). A compreensão das estruturas de subsuperfície e dos ambientes de deposição conducentes à geração e retenção de hidrocarbonetos é essencial, uma vez que constitui a base da exploração. A configuração geológica distinta e as características fisiográficas causadas pelo rifting tectónico e pelas falhas em bloco, que afectam a deposição de sedimentos e os sistemas de drenagem fluvial, correspondem à distribuição superficial e subsuperficial das formações rochosas.

2.6.1 Introdução

Delimitado entre as longitudes 35° 30'E e 36° 08'E e as latitudes 2° 00'N e 3° 35'N, o sistema de bacias de Lokichar-North Kerio é segmentado como parte do Rift Terciário do Quénia de tendência N-S, pertencente ao grande Rift da África Oriental causado pela tectónica extensional do rift E-W (Barker et al. 1972). Este sistema de bacias está localizado no noroeste do Quénia; a sudoeste do Lago Turkana e a sudeste da bacia de Lotikipi (Fig. 1).

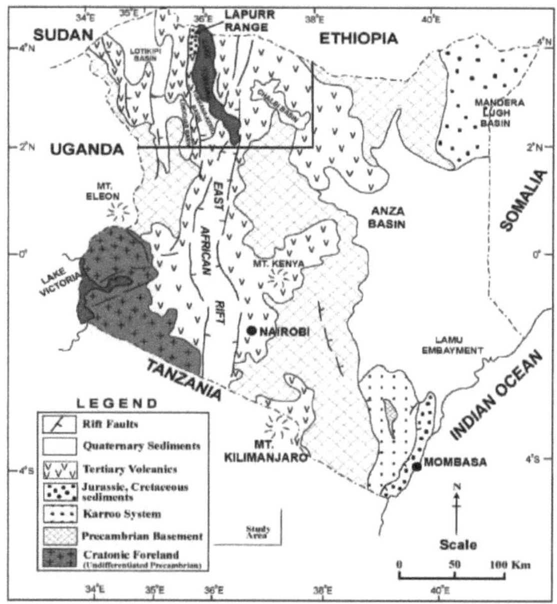

Fig. 1: Localização das bacias de Lokichar-North Kerio no noroeste do Quénia

A sua geologia tem atraído ultimamente grande atenção dos geólogos, apesar da escassez de exposições à superfície devido à espessa cobertura de lavas vulcânicas do Terciário e de sedimentos aluviais depositados pelo sistema fluvial constituído pelos dois principais sistemas fluviais perenes, nomeadamente os rios Turkwell e Kerio. Estes rios, que correm de sul para norte, drenam as cordilheiras ocidentais de alto relevo do Pré-Cambriano e os inliers das colinas Karasuk-Loima e Loperot (Loichangamatak), as rochas basais ao longo da escarpa Quénia-Uganda e as cordilheiras orientais que formam o planalto vulcânico de Loriu (Fig. 2). Os dois rios convergem posteriormente e formam um delta nas margens centro-ocidentais do Lago Turkana. O curso pré-definido dos rios parece ter sido controlado tectonicamente, seguindo os sistemas gerais de falhas N-S paralelos ao Rift Terciário do Quénia do principal Rift da África Oriental (Gregory Rift Valley of Kenya).

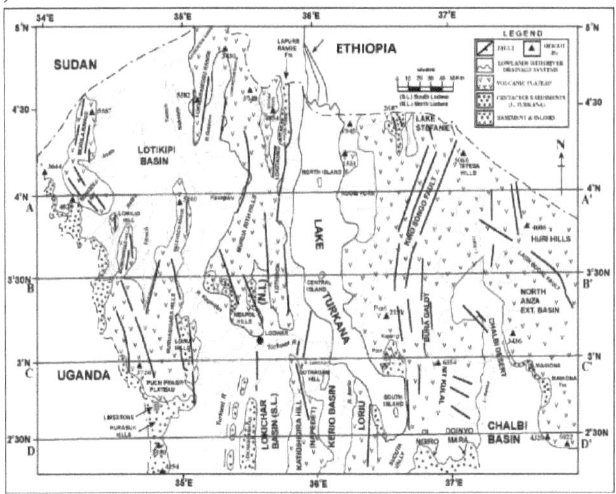

Fig. 2: Características fisiográficas e geológicas de Lokichar-Kerio-Turkana Bacias

Os afluentes que drenam as margens sul, ocidental, central e oriental do sistema da bacia de Lokichar-Kerio juntam-se aos dois rios perenes (Fig. 2) e desaguam no lago Turkana, a leste de Lodwar. A paisagem de todo o terreno é indicativa de um controlo tectónico em grande escala por falhas subterrâneas, que têm estado activas intermitentemente. O relevo é também contribuído por processos vulcânicos e sedimentares que são igualmente controlados, em grande medida, por movimentos tectónicos, que controlam os cursos dos rios que cortam as rochas pré-cambrianas, bem como as rochas vulcânicas de idade oligocénica-miocénica (Morley et al; 1992). A espessa cobertura aluvial, que esconde toda a superfície erodida das sequências sedimentares mais antigas, bem como das rochas basais, mostra que a área tem sido tectonicamente ativa, desde o Oligoceno-Mioceno e ao longo do Quaternário. (Walsh e Dodson 1969 e Rop, 1990, 2003).

2.6.2 Enquadramento geológico

Como as exposições à superfície de sequências sedimentares mais antigas são escassas e raras, foram perfurados dois poços exploratórios, Loperot (designado por LT-1) e Eliye Springs (designado por LT-2), nas bacias de Lokichar Sul e Kerio-Turkana Norte, respetivamente. Penetraram sequências até 2960m e 2965m de profundidade, indicando sequências fluviais sistémicas de unidades sedimentares siliciclásticas e vulcaniclásticas intercaladas de idade terciária. Rop (2003, 2011) e Morley et al. (1992) descreveram a sucessão estratigráfica geral das bacias de Lokichar-Kerio como consistindo em rochas basais pré-cambrianas, grits de arenito arkorsic com sedimentos vulcaniclásticos, rochas vulcânicas e sedimentos vulcaniclásticos recentes - em ordem ascendente do mais antigo para o mais jovem. Realizaram também estudos baseados em dados sísmicos que revelaram estruturas de horst e graben sob as planícies aluviais.

Parece que as falhas e o rifting do Terciário facilitaram a rápida erosão nas partes centrais das bacias, que depositaram uma sucessão espessa de sequências sedimentares. Poucas destas secções de superfície ou exposições de rochas vulcânicas e sedimentares foram escassamente expostas, geralmente situadas entre o embasamento e os depósitos vulcânicos. Consistem em sequências fluviais (Fig. 3) com mais de 200 m de empilhamento, com ciclos 'grosseiros' e 'finos' (Green et al., 1991 e Morley et al; 1992). Estas sequências contêm também um número considerável de gastrópodes, algas de água doce e esporos, intercalações de leitos de arenito vulcaniclástico e clastos de tufo retrabalhados (Rop, 1990).

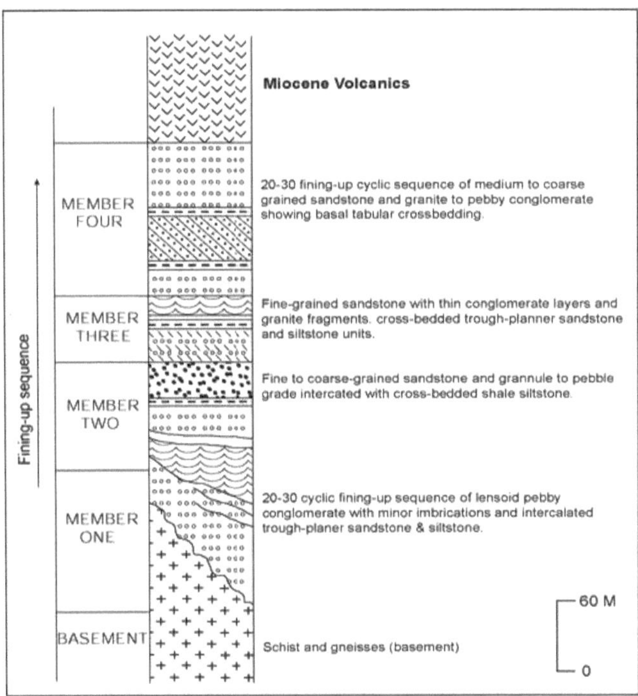

Fig. 3: Coluna estratigráfica esquemática das
sedimentações de Lokichar e Kerio

A presença de algas e esporos de água doce sugere um ambiente lacustre para a sedimentação do Oligoceno Superior ao Mioceno Inferior. Os arenitos formam corpos canalizados lenticulares. Os estudos comparativos dos dois sistemas de bacias, através da interpretação dos perfis sísmicos e gravimétricos disponíveis, aumentados por depósitos de sedimentos ricos em matéria orgânica e outros parâmetros sedimentológicos, deram também a oportunidade de examinar de forma abrangente a tectónica que controlou a história da sedimentação do Terciário, bem como o potencial petrolífero das bacias (Rop, 2011). As características litológicas detalhadas dos poços LT-1 e LT-2 foram examinadas no que diz respeito à matéria orgânica elevada deduzida a partir de dados geofísicos e geoquímicos de subsuperfície, o que ajudou a caraterizar possíveis alvos de prognóstico futuros e as suas implicações para a prospeção e exploração de hidrocarbonetos nas bacias de rift do noroeste do Quénia em termos das suas associações fonte-reservatório-selo (Rop 2003, 2011).

2.6.3 Estruturas de subsuperfície e tectónica

O mapa de anomalias gravimétricas e o mapa de profundidade do embasamento (Figs. 4 e 5) ajudaram a determinar os limites da cobertura vulcânica do perfil meteorizado, a determinar as profundidades até às quais a sequência sedimentar se pode estender e até a configuração da profundidade do manto abaixo do embasamento.

Os contornos de gravidade Bouguer sobre o sistema da bacia de Lokichar-Kerio-Turkana mostraram uma linha N-S distinta, indicando que a tectónica de rift do Terciário afectou mesmo a interface crosta-manto. As secções ao longo destes contornos foram examinadas mais de perto ao longo das latitudes 3° 14'N, 3° 00'N, 2° 30'N e 2° 20'N (Fig. 4), a fim de delinear as sub-bacias. Os valores da anomalia da gravidade Bouguer (120 a -80 mgal) sobre o sistema de bacias indicam uma tendência geral de subida do manto, um manto superior profundo e a existência de rochas sedimentares superficiais de baixa densidade sobre o embasamento pré-cambriano.

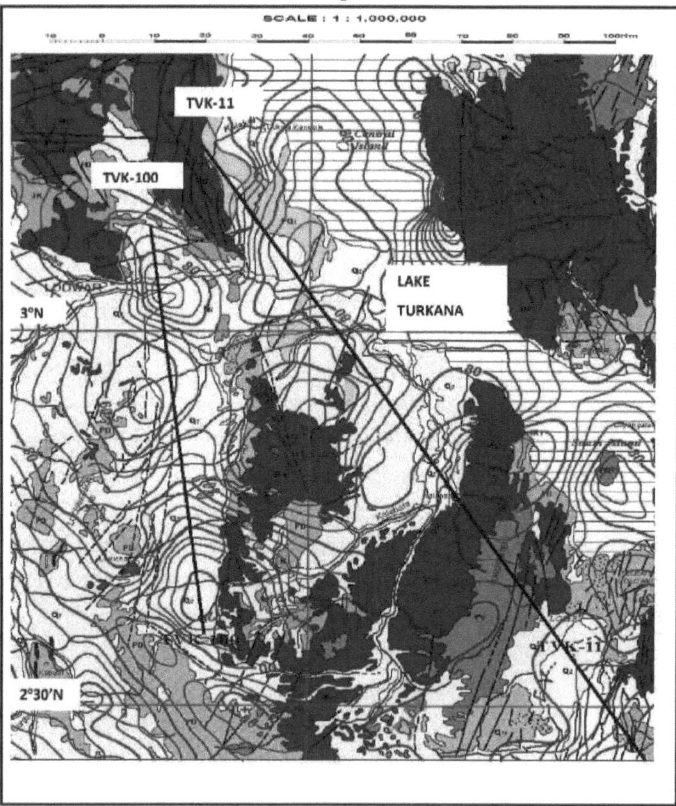

Fig. 4: Mapa de contorno da gravidade Bouguer sobre a bacia do Lago Turkana (Adotado de BEICIP-Ministry of Energy Geological Map, 1987)

70

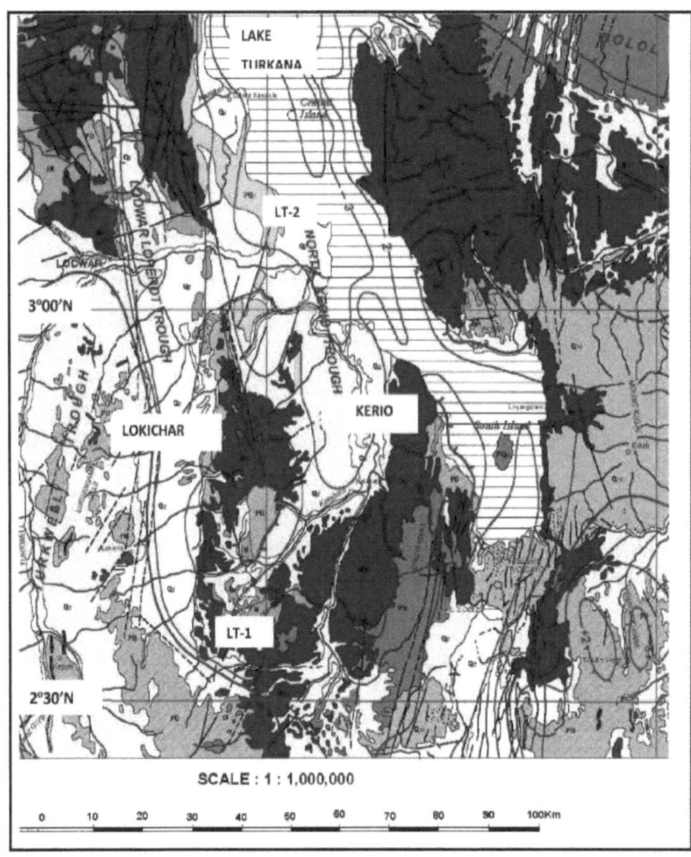

Fig. 5: Mapa de contorno do subsolo mostrando as profundidades do subsolo no Lago Turkana

(Adotado de BEICIP-Ministério da Energia Mapa Geológico, 1987)

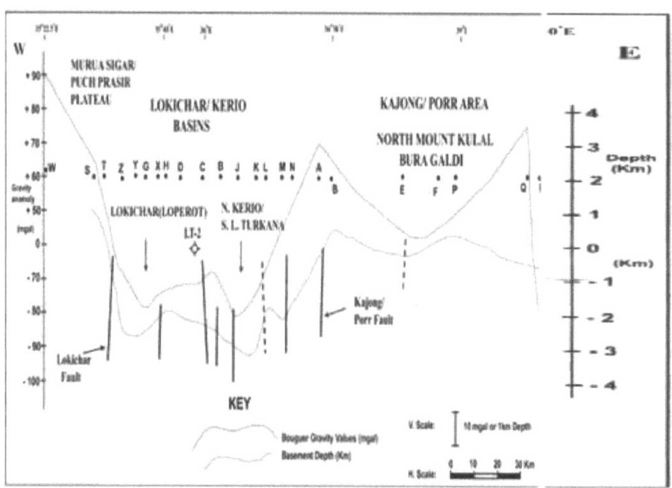

Fig. 6: Secção W-E do perfil da gravidade Bouguer e dos valores da profundidade do subsolo ao longo da Latitude 3° 00'N. Entre as longitudes 35° 25.5'E e 37° 30'E através das bacias de Lokichar, Kerio Norte, Lago Turkana e Chalbi

A secção transversal ao longo da Lat. 3° 00'N (Figs. 2, 4 e 6) mostrou que a anomalia da gravidade se tornou cada vez mais positiva nas fronteiras da parte sul de Lodwar (-65 mgal) e Kajong/Porr Hills (+65 a +45 mgal), margem oriental do Lago Turkana. A margem ocidental da bacia de Lokichar tem a anomalia de gravidade mais baixa, variando entre -80 e -100 mgal (entre os longs.35° 00'E e 35° 30'E) ao longo dos lats. 3° 00'N e 3° 14'N no topo das serras e colinas de Loima/Muruasiga/Puch Praisir/Ngapoi. O perfil de profundidade do embasamento é notavelmente raso, devido à resposta simultânea para a falha marginal e intrabasinal pelo embasamento, bem como pelo manto superior (Fig. 5). Aparentemente, o manto superior desceu nesta parte e o embasamento pré-cambriano deveria ser mais espesso, embora a profundidade do embasamento seja reduzida e exposta para oeste (0 a +1 km) ao longo da escarpa Quénia-Uganda.

O subsolo aprofunda-se para leste de 2,0 km (North Lokichar) para 3,5 km (North Kerio), indicando uma estrutura em forma de donwar que mergulha nessa direção (para norte). A profundidade do subsolo nas colinas Kajong/Porr é pouco profunda (0 km), apesar das falhas N-S que afectaram tanto o subsolo como o manto superior. O perfil ondulatório do subsolo ao longo destas secções transversais do sistema da bacia foi causado por sistemas de falhas profundas que atingem o manto. Estas falhas controlaram a sedimentação do Terciário e são de idade pós-cretácica. Isto mostra que a falha continuou no período Terciário, especialmente nas bacias marginais ao Vale do Rift do Quénia. As partes mais profundas do subsolo coincidem com os pontos baixos de gravidade das sub-bacias.

O sistema da bacia de Lokichar-Kerio é limitado a oeste e a leste pela Falha de Lokichar (long. 35° 30'E) e pela Falha de Kajong/Porr (36° 25'E), respetivamente (Figs. 2, 5, 6). A espessura dos sedimentos é menor nas zonas de horste (nas margens ocidental e oriental) e maior nas zonas de graben (as bacias principais).

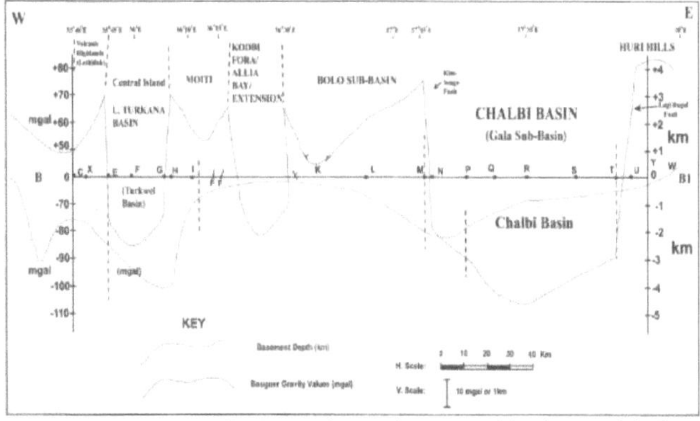

Fig. 7: Secção W-E do perfil dos valores da anomalia da gravidade Bouguer ao longo da Latitude 2° 30'N. Entre as Longitudes 35° 30'E e 37° 00'E através das Bacias de Lokichar- Kerio e do Lago Turkana

Para sul, a secção transversal ao longo das lats. 2° 20'N e 2° 30'N, os dois grabens, com anomalias de baixa gravidade até -120 mgal em Lokichar e -80 mgal em Kerio-L.Turkana, estão separados por uma sequência mais larga e muito mais espessa de lavas vulcânicas das colinas de Katigithigiria (Napedet), como revelado por anomalias positivas elevadas entre +60 e +70 mgal nas zonas de horste e o perfil vulcânico mais espesso está numa horste basal (Figs. 2, 4 e 7). O planalto vulcânico de Loriu, na extremidade oriental da bacia de Kerio, tem uma gravidade alta e baixa semelhante. Isto mostra que o subsolo (anomalias de +60mgal) foi sujeito a elevação e subsidência no período pós Miocénico.

Por outras palavras, a configuração tectónica das bacias (Lokichar/Kerio/Turkana) já estava alcançada antes do evento da erupção vulcânica. A localização do poço (LT-1) é também mais próxima da falha marginal. (Falha de Napedet). Não foi perfurado nenhum poço exploratório na parte sul da bacia de Kerio, onde o subsolo atingiu uma profundidade de quase 2,0 km. A espessura dos sedimentos aumenta de sul para norte, como revela a secção transversal S-N da profundidade do subsolo (Fig. 8 a, b). Atinge uma profundidade máxima de 4,2 km na latitude 30 14'N. Este perfil do subsolo também mostra que o subsolo foi afetado por pequenas falhas E-W.

A anomalia gravitacional positiva, ao longo da margem oriental da bacia de Kerio, é interpretada como devida à elevação do subsolo e do manto para cima. As falhas que ligam algumas das estruturas de horst e graben podem ser falhas activas que também controlaram os cursos dos rios e dos seus afluentes, mais tarde no Quaternário. Estas falhas devem ter estado intermitentemente activas, afectando a estrutura da bacia e controlando a sedimentação fluvial.

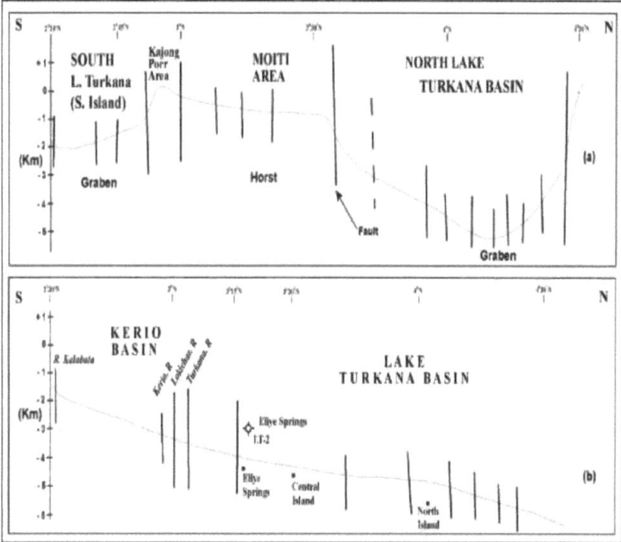

Fig. 8: Secção transversal S-N do perfil de profundidade do subsolo ao longo das bacias de Kerio/Turkana entre os lats. 2° 30'N e 4° 30'N a) Da Ilha do Sul à Cordilheira Lapurr (b) Da Bacia de Kerio ao canto NW do Lago Turkana

2.6.4 Estratigrafia sísmica

Normalmente, entre os métodos geofísicos utilizados na exploração de hidrocarbonetos, os métodos gravimétricos e sísmicos têm sido mais eficazes na delineação de estruturas subsuperficiais prospectivas. A presença e a espessura das unidades de rocha sedimentar têm, no entanto, de ser confirmadas por inventários de perfuração de poços e dados sísmicos. As características sísmicas revelam as características físicas, como a compacidade, a rigidez, a porosidade e a permeabilidade das unidades sedimentares do subsolo. Os dois poços LT-1 e LT-2 perfurados pela Shell

Exploration and Production Kenya (SEPK) na sub-bacia de Lokichar-Kerio penetraram principalmente nos estratos do Paleoceno ou mais jovens (Figs. 2, 5 e 9). O poço LT-1, no rift de tendência N-S, penetrou numa profundidade total de 2960m. Está localizado na Bacia de Lokichar Sul (calha de Loperot) a cerca de 30 km a leste do centro comercial de Lokichar e a cerca de 10 km a nordeste do centro de Loperot. Situa-se na parte sul das colinas de Lapedet (Kathiigi- thigiria). Situa-se a cerca de 90 km a sul do poço LT-2, na bacia de North Kerio/Turkana.

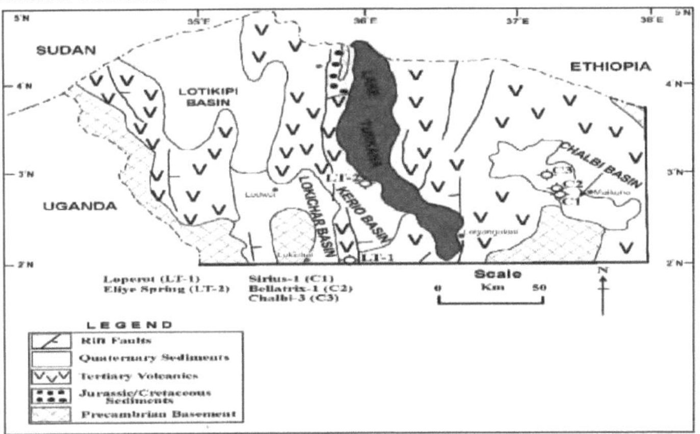

Fig. 9: Mapa que mostra os poços perfurados LT-1 e LT-2 nas bacias do Rift de Lokichar-Kerio

O perfil da anomalia de gravidade Bouguer do subsolo é, por conseguinte, aplicável também à localização deste poço (Figs. 4 e 7). A localização da perfuração numa confluência dos rios Kalabata e Loperot coincide com a região onde o subsolo é pouco profundo em comparação com as regiões mais a oeste e a norte (Fig. 8a). A gravidade Bouguer foi interpretada como indicando um ligeiro manto ascendente. A bacia de Lokichar, à escala regional (Fig. 4), representa uma bacia descendente (graben) delimitada por uma série de falhas normais N-S que dão origem a estruturas horst.

2.6.5 Poço LT-1 no sistema da bacia de Lokichar-Kerio

O poço LT-1 foi perfurado no início dos anos 90 pela SEPK para procurar hidrocarbonetos na sub-bacia de Lodwar South Lokichar (Loperot), bem como para fornecer controlo estratigráfico nas bacias rift terciárias não perfuradas (Fig.8b). O objetivo era penetrar nas rochas do reservatório principal num fecho de falha/mergulho, que apresentava um risco elevado de falha de armadilha devido à interposição desfavorável de falhas. No entanto, o poço encontrou um total de 13m de camadas finas e pouco profundas de arenito e dois intervalos de xistos lacustres que foram considerados como rochas geradoras boas a excelentes. O arenito principal do reservatório subjacente às rochas geradoras superiores (1050-1390m) também provou ser portador de água e foram recuperados cerca de 9,5 litros de óleo e água.

Os dados detalhados do registo de poço da litologia LT-1 não puderam ser localizados no centro de dados NOCK, deixando a opção apenas de descrever o registo composto com a ajuda de registos sísmicos de velocidade de onda p e de raios gama. A pilha sedimentar (Fig. 10) consiste em sedimentos terrestres do Terciário, com depósitos principalmente fluviais e fluvio-lacustres. Depósitos lacustres bem desenvolvidos ocorrem em intervalos entre 10581380m e 2540-6600m e também entre 176-207m. Devido ao corte de uma falha a cerca de 1650m, cerca de 150m da parte inferior da sequência lacustre principal foram encontrados em falta.

A falta de dados palinológicos de diagnóstico do Terciário dificulta a determinação da idade. Estando a secção sobreposta por rochas vulcânicas (Miocénico?), toda a sequência foi considerada como sendo do Miocénico Inferior a Médio (?) em idade. A sequência sedimentar entre 100-258m é caracterizada por valores de onda p que variam de 2,2 a 2,3 km/s e altos valores de raios gama com uma média de 120 unidades API.

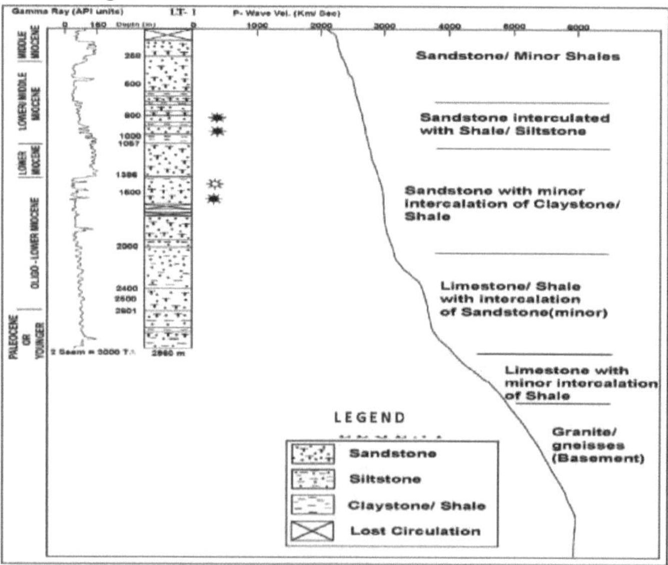

Fig.10: Litologia do poço LT-1 mostrando os raios gama, a velocidade da onda p e a descrição dos sedimentos

Caracteriza-se por uma litologia maioritariamente de argilito/xisto e arenito menor. Na sua base, suspeita-se de uma desconformidade que separa o

Miocénico superior e o Miocénico médio (?). Entre 258-1000 m, a sequência de arenitos com finos intercruzamentos de xistos/argilitos é caracterizada por uma velocidade de onda r variando de 2,3 a 2,8 km/s e baixos valores de raios gama (100 - 45 unidades API) a 320680m e (45-75 unidades API) a 680 - 900m. Mais abaixo, os valores de raios gama saltam para 120 unidades API (900-1000m), interpretados como representando uma desconformidade/discomformidade entre a parte do Miocénico médio/miocénico inferior, com os primeiros vestígios de petróleo entre 830m e 950m.

A partir de 1000-1386m, os valores da velocidade da onda p (2,8 a 2,9 km/s) não variaram muito e os valores de raios gama, em média 140 unidades API, caracterizam uma litologia principalmente xistosa com unidades finas de arenito. Os elevados valores de raios gama indicam abundância de matéria orgânica, pelo que se trata de uma boa rocha geradora.

De 1386m a 2601 m encontra-se outra sequência de arenitos e xistos caracterizada por uma velocidade de onda p que varia entre 2,9 a 3,5 km/s (1386 - 2300m) e 3,5 a 3,7 km/s (2300 - 2610m) e valores de raios gama em média de 70 unidades API, exceto em 1482 - 1600 onde os valores saltam de 70 para 120 unidades API. Estes arenitos com interbeds de xisto/argila são representados por uma secção monótona com uma possível desconformidade/discomformidade a 1386m que separa o Miocénico inferior (?) e o Oligocénico (?). Na parte superior desta secção foram registados indícios de gás e petróleo a 1430 e 1580m de profundidade, respetivamente. Uma litologia semelhante, mais xistosa, está subjacente a esta secção (2601 - 2960m). Foi caracterizada por valores elevados de velocidade de onda p (3,7 - 4,1 km/s) e valores elevados de raios gama (90 unidades API). Este facto foi interpretado como representando mais uma desconformidade/discomformidade a 2601m de profundidade, separando as idades Oligocénica, Miocénica Inferior e Paleocénica ou mais jovem.

2.6.5.1 Sucessão sedimentar baseada em registos de raios gama

Os xistos em toda esta secção tornam-se cada vez mais abundantes com a profundidade. Os registos de raios gama dividem-na em três grandes divisões (Rop, 2003).

1) Sucessão arenito-xisto com valores de raios gama (>40<60 unidadesAPI) de 0-100 m e 300-700 m.

2) Sucessão arenito-xisto com valores de raios gama (>60<75 unidades API) de 1600 - 1840 m e 1900 - 2000 m.

3) Sucessão xisto-areia com valores de raios gama (>75 unidades API) de 100- 300 m, 900 - 1600 m e 2000 - 2900 m.

É de grande importância notar a correlação destas divisões com os valores da onda p. Entre 0 - 1600 m de profundidade, as velocidades da onda p permanecem >2 <3 km/s. A 500 m, o valor da velocidade da onda p registado foi de 2,5 km/s e a 1600 m saltou para 3,0 km/s. Isto cobre toda a parte superior do poço LT-1, com a secção a mostrar, em parte, valores de raios gama >40, >60 e >75 unidades API. Dentro desta secção há dois níveis de estratos que mostram indicações de petróleo e gás a 800 m a 1000 m (>60 unidades API de valores de raios gama) e 1400 m e 1600m (>75 unidades API). Os dois estratos caem na faixa com valor de velocidade de onda p > 2,5 < 3,0 km/s.

A secção entre 1600 e 2960 m mostra uma gama de valores de velocidade de onda p > 3 < 4 km/s. Isto mostrou valores de raios gama > 60 unidades API na parte superior (1600 - 2000 m), muito para além da profundidade total a 2960 m. Nos estratos superiores a velocidade da onda p aumenta de 3.0 para 3.5 km/s a 2300 m enquanto a secção subjacente é caracterizada por > 3.5 < 4.0 km/s até à profundidade total (2960 m). Não foram registados vestígios de petróleo e gás, apesar das elevadas velocidades da onda p e dos valores de raios gama. É interessante notar que toda a secção com valores elevados de raios gama > 60 unidades API (700 - 2960 m) também se encontra dentro da gama de velocidades da onda p > 2,5 < 3,0 km/s. Os estratos do primeiro meio nível (700 - 1600 m) continham indicações intermitentes de petróleo e gás.

2.6.6 Poço LT-2 no sistema da bacia hidrográfica de North Kerio-LakeTurkana

O poço LT-2 está localizado na região onde as sub-bacias de North Kerio e Lake Turkana se encontram (Figs. 5 e 9). O LT-2 foi o primeiro poço perfurado pela SEPK no rift terciário de North Kerio/Lake Turkana no início dos anos 90. Foi perfurado até 2965 m de profundidade numa estrutura de fecho de falha (Fig. 11). Situa-se a oeste de Eliye Springs, na margem ocidental do Lago Turkana. O objetivo era a exploração de hidrocarbonetos nas bacias de North Kerio-Lake Turkana. A atividade de perfuração provou que todos os reservatórios suspeitos eram apenas de água. Os depósitos estratigráficos (predominantemente arenosos nos 1700 m superiores) com abundância crescente de argilitos vermelhos/castanhos na parte basal. As porosidades dos arenitos foram registadas como variando entre 18% e 30%. As rochas vulcânicas foram encontradas separadamente a 605 m, 1797 m e 2750 m de profundidade. Algumas estrias finas de calcário foram também registadas em cortes perto da profundidade total (2937 m). A camada vulcânica a 1797 m deu uma data de idade K/Ar. de 5,1±0,2 MA.

O perfil da anomalia de gravidade Bouguer em subsuperfície é aplicável à localização do poço LT - 2 (Figs. 4 e 6). Esta localização é também onde o subsolo é pouco profundo (2 km de profundidade) em comparação com a região mais a leste (3,5 km de profundidade - Fig. 5). As sub-bacias do norte de Kerio-Lake Turkana, à escala regional, representam um bloco descendente (halfgraben) com uma série de falhas normais N-S. As diferentes unidades litológicas do poço foram examinadas no que respeita ao registo de raios gama e às variações de velocidade da onda p.

A sequência sedimentar estende-se até uma profundidade de 2965m (Fig. 11). O poço foi abandonado e tapado depois de se ter revelado seco de hidrocarbonetos recuperáveis. A sequência superior, a 605 m da superfície, apresenta principalmente argilitos aluviais castanho-avermelhados e arenitos brancos a castanho-avermelhados (leitos vermelhos). Os valores crescentes de raios gama, em média 45 unidades API com picos elevados até 60 unidades API, onde os intercruzamentos de argilitos são mais ricos e o valor da velocidade da onda p é de 1,6 km/s, caracterizam a secção aluvial superior. Em termos de textura, estas rochas são de grão fino a grosseiro, angulares a cascalhentas, com vestígios de biotite, clorite e fragmentos vulcânicos. As pedras argilosas são finas e ligeiramente dolomíticas. A secção abaixo dos 605 m até aos 755 m é constituída por sedimentos lodosos com arenitos cinzento-esverdeados intercalados que apresentam palinofloras relativamente elevadas de elementos predominantemente de savana, esporos e restos de fugal no interior entre 679-740 m.

Esta secção é caracterizada por uma baixa velocidade de onda p (1,6 km/s) e um valor de raios gama de 60 unidades API com contagens de alta frequência (até 90 unidades API) nas camadas argilosas e lodosas. O salto nos valores de raios gama indica matéria orgânica elevada nesta secção dominada por areia, possivelmente representando um período de transição (hiato). O autor presume que poderá existir uma não conformidade/discomformidade (?) a 605 profundidades que separa o Miocénico Superior (?)
da sequência do Miocénico Inferior (?).

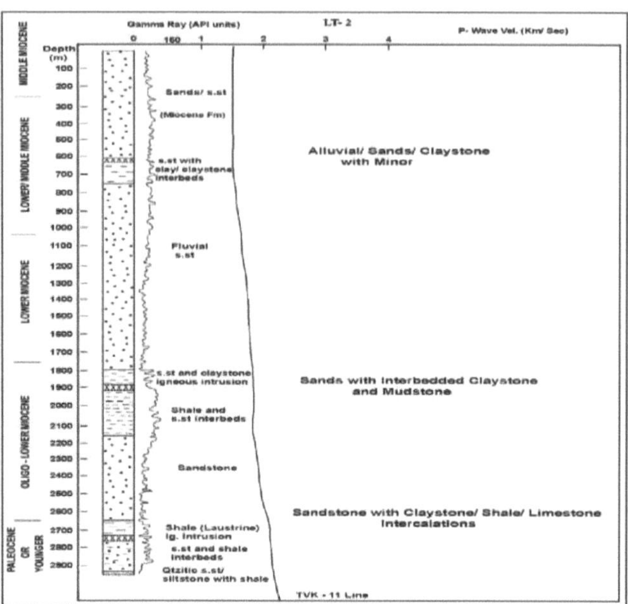

Fig. 11: Litologia do poço LT-2 mostrando raios gama, velocidade de onda p e sedimentos

descrição

A secção entre 755 m e 1846 m, caracterizada por uma velocidade de onda p de 1,6 a 1,8 km/s e valores de raios gama de 60 a 30 unidades API, consiste numa sequência repetidamente monótona de arenitos e argilitos. Isto indica uma mudança litológica de uma parte da secção de base argilosa para uma parte de base arenosa, representando assim outra possível desconformidade/discomformidade do Miocénico Médio e Inferior (?) a 1250 m de profundidade. A secção subjacente (1846-1655 m) é caracterizada por baixos valores de onda p (1,8 a 2,3 km/s) mas altos valores de raios gama (90 unidades API que mudam para cerca de 40 API em direção à base). É composto principalmente por litologias argilosas/carvão escuras/verdes com arenitos isolados e corpos intrusivos.

As litologias calcárias/argilosas a 1846m de profundidade também caracterizam a desconformidade/desconformidade que separa o Miocénico Inferior/Oligocénico - Miocénico Inferior (?). A partir dos 2655 m até à profundidade total (2965m) a litologia é caracterizada por velocidades de onda p entre 2,3 e 2,5 km/s e valores elevados de registo de raios gama 75 unidades API. A parte basal mostrou calcário branco criptocristalino subordinado e um corpo ígneo a 2750 m, que dá valores baixos de raios gama com uma média de 30 unidades API.

2.6.6.1 Sucessão sedimentar baseada em registos de raios gama

Com base nos registos de radioatividade de raios gama, esta secção de arenito-argilito também pode ser dividida em quatro unidades - Figura 11 (Rop, 2003).

1) Secção de arenitos (areia/cascalho) com valores gama (<40 <60 unidades API) a 0 - 200, 1200 - 1850 e 2900-2965 m.

2) Sucessão de arenitos e argilitos com valores gama (>40 <60 unidades API) a 250 - 600, 755-1200, e 2250-2600 m.

3) Sucessão arenito-argilosa mostrando valores gama (60 >75 unidades API) a 600 - 755, 1850-1922, e 2600-2900 m.

4) Sucessão de arenitos xistosos com valores de raios gama (>75 unidades API) a 1922-2250 m.

Certamente que estas divisões finas com velocidades de onda p também serão interessantes. Desde a superfície até 2400 m de profundidade, as velocidades de onda p permanecem < 2 km/s. Esta zona de estratos na LT-2 tem valores de raios gama alternados de <40 a >75 unidades API e é cortada por dois corpos ígneos intrusivos a 601 m e 1888 m de profundidade. Não foram encontrados indícios de petróleo ou gás neste nível de estratos.

A sucessão arenito-argilito entre 2400-2965 m de profundidade mostra as velocidades de onda p >2 <2,5 km/s e se estende além da profundidade total em 2965 m. A 2400 m de profundidade a velocidade de onda p aumenta gradualmente e salta a 3120 m de profundidade para 2,5 km/s. Esta gama de velocidades cobre a parte mais baixa da secção mostrando valores de raios gama >40, >60 < 75 e <40 unidades API. Dentro de toda esta secção apenas ocorrem principalmente arenitos com pequenas intercalações de argilitos, intrudidos por uma fina camada vulcânica (2750 m) mostrando altos valores gama >40 <75 unidades API. A base do poço é a principal unidade de arenito com baixo valor de raios gama de <40 unidades API até a zona de velocidade de onda p de 2,5 km/s. A secção que apresenta valores elevados de raios gama >75 unidades API é também caracterizada por baixas velocidades de onda p < 2 km/s (1922-2250 m). Não foram registados sinais de petróleo ou gás em toda a sequência de sucessão arenito-argilito (estratos) do poço LT-2.

2.6.7 Bacia de Lokichar Norte-Sul (linha sísmica TVK - 100)

Para a área ao longo da bacia N-S de Lokichar, onde o poço LT-1 foi perfurado na sua parte sul, estão disponíveis dados sísmicos e gravimétricos. Por conseguinte, é possível extrapolar as suas secções litológicas subsuperficiais tendo em conta a secção litológica do poço LT-1. A totalidade da bacia a norte do LT-1 ainda não foi perfurada (Figs. 4 e 12).

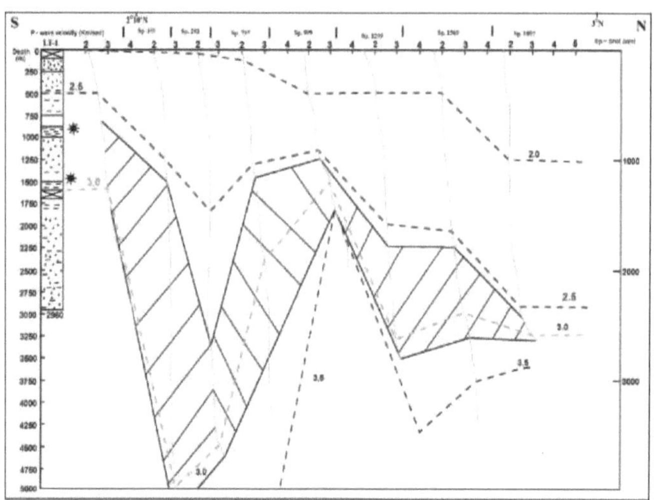

Fig. 12: Secção transversal S-N do perfil sísmico ao longo da linha TVK-100

Nestas secções, particularmente na parte sul da linha sísmica TVK-100, não há depósitos aluviais com velocidade de onda p inferior a 2 km/s. A espessura superior de 1800 m perto do Centro de Lokichar, caracterizada por uma velocidade de onda p de 2,0 a 2,5 km/s, deve consistir em leitos soltos de arenito/arenito (Rop, 2003). Mais adiante, dentro da estrutura tipo horst, na área de Napedet Hill, há uma sedimentação mais fina (até 1600 m) desta unidade (ponto de tiro 999). Mais a norte, em direção ao centro de Lodwar, esta unidade estende-se mais profundamente até 2900 m de profundidade. A secção sedimentar caracterizada por uma gama de velocidades de onda p de 2,5 a 3,0 km/s estende-se até 5000 m de profundidade (ponto de captação 101) perto do centro de Lokichar Township. A mesma unidade estende-se apenas até 1500 m perto da colina de Napedet, e para norte estende-se mais profundamente até 3300 m de profundidade (ponto de projeção 1299).

Na área próxima do Centro de Lokichar, os dados sísmicos mostram secções sedimentares até 5000 m de profundidade, enquanto os dados gravimétricos não mostram a presença de secções sedimentares para além de 3,5 km, indicando assim que o subsolo é mais profundo devido a grandes falhas. Na área de Napedet Hill, a secção entre 1500-4000 m de profundidade mostra rochas com velocidade de onda p até 3,8 km/s. No entanto, o perfil gravítico mostra que o subsolo começa a uma profundidade de -1,5 km, indicando assim que as rochas que apresentam uma velocidade de onda p de 3,8 km/s podem não ser necessariamente sedimentares, sendo mais provavelmente rochas do subsolo (Rop, 2003). Na zona norte de Lodwar, as rochas que apresentam uma velocidade de onda p superior a 3 km/s estendem-se entre 3300 - 4300 m de profundidade (pontos de captação 1299 e 1569). O perfil de gravidade mostra o embasamento a 3,5 km. Por conseguinte, é provável que exista uma secção muito fina de sedimentos com velocidade de onda p superior a 3 km/s.

No poço LT-1, a secção sedimentar que apresenta vestígios de petróleo situa-se entre rochas caracterizadas por uma velocidade de onda p de 2,5 a 3,0 km/s. Estas secções perto do Centro de Lokichar têm uma espessura máxima de aproximadamente 3750 m (1250 - 5000 m) no ponto de tiro 101. Esta espessura é ainda maior do que a da sequência semelhante no poço LT-1. O aumento súbito da espessura indica uma sedimentação rápida controlada por falhas, aumentando assim as probabilidades de encontrar uma jazida de petróleo se for perfurada nesta parte da bacia de Lokichar.

Na parte central, perto de Napedet Hill, a espessura desses sedimentos é reduzida consideravelmente para cerca de 250 m (1250-1500 m). Na parte norte, perto do centro de Lodwar, a espessura destes sedimentos com potenciais mostras de petróleo (velocidade da onda p de 2,5 a 3,0 km/s) é de cerca de 1300 m (1200 - 1300 m) nos pontos de captação 1299 e 1569. Afunila mais para norte para 350 m de espessura (2900 - 3250 m) no ponto curto 1897. Esta é mais uma área potencial onde a perfuração poderia ser aventurada (a área entre os pontos de tiro 1299 e 1569). Para além disto, a norte, o afunilamento da secção sedimentar pode dever-se aos efeitos de falhas, que cortaram a bacia ou elevaram essa parte para cima (Rop, 2003).

2.6.8 Norte de Kerio/Lake Turkana (linha sísmica TVK-11)

A área que atravessa as sub-bacias de North Kerio/Lake Turkana a noroeste e sudoeste do poço LT-2 ainda não foi perfurada. No entanto, os dados sísmicos e os dados gravimétricos estão disponíveis. Pretende-se extrapolar as secções litológicas de superfície nestas áreas com base nos dados perfurados do poço LT-2 (Fig. 4).

A secção até 2400m de profundidade, caracterizada por uma velocidade de onda p de 1.4 a 2.0 km/s, parece consistir em sedimentos aluviais soltos juntamente com arenitos e argilas fluviais-lacustres (Terciário e mais jovens). Em comparação com a LT-2 (Figs. 12 e 13), esta secção a noroeste estende-se a um nível mais profundo, enquanto que a sudoeste se torna mais superficial. Apenas para além de 2400 m de profundidade na secção noroeste, a litologia seria mais consolidada e talvez xistosa, como é revelado pela velocidade da onda p de 2,0 a 3,0 km/s, bem como pelo perfil de gravidade. O valor da velocidade da onda p (2 a 3 km/s) aparentemente continua até 3480 m de profundidade. A partir do perfil de gravidade, o subsolo parece estar a uma profundidade de 3,2 km/s, mas continua a aprofundar-se para norte em direção ao Lago Turkana. Por conseguinte, não existe nenhuma outra secção sedimentar com uma velocidade de onda p elevada abaixo das que mostram até 3 km/s nesta parte nordeste.

No perfil sísmico TVK-100, a estrutura semelhante a um horst elevado, a norte da colina de Napedet, mostra um tipo de litologia mais fina que se estende de 1000m a 2000m de profundidade (ponto de captação 1667). Para além desta, existe uma outra secção sedimentar mais profunda no rio Kalabata, na sub-bacia sul de Kerio (entre os pontos de captação 1067 e 807). A partir do perfil de gravidade, o embasamento aparece a uma profundidade de 2 km perto de Napedet, e até 2,5 km na sub-bacia sul de Kerio.

Na secção sudeste, este tipo de litologia estende-se de 460m a 1540m de profundidade (1080m de espessura) no planalto de Loriu (ponto de tiro 407). A partir do perfil do embasamento, a profundidade do embasamento mostra uma reativação ondulatória devido a falhas. O subsolo parece estar a uma profundidade de 0,5 km no planalto de Loriu. Para além desta profundidade, parece haver uma secção sedimentar até uma profundidade de 2800m no sudeste e 3400m na parte média do Kerio sul, mostrando uma velocidade de onda p (3 a 4 km/s) de acordo com o perfil sísmico (pontos de disparo 407 e 807, respetivamente). No entanto, o perfil de gravidade mostra a profundidade do subsolo (0,5 km e 2,5 km). Os baixos valores de velocidade de onda p apresentados pelas rochas do subsolo podem dever-se a falhas e à meteorização.

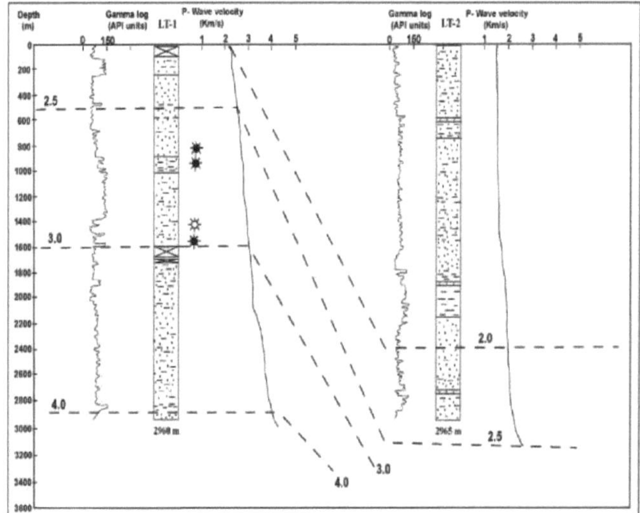

Fig. 13: Litologia comparativa dos poços LT-1 e LT-2 com base em raios

gama e velocidade de onda P

A sequência sedimentar que alberga os vestígios de petróleo no poço LT-1, a sul, encontra-se numa secção que apresenta uma velocidade de onda p de 2,5 a 3,0 km/s. Estas secções ocorreram na sub-bacia noroeste (North Kerio/Lake Turkana) entre 3280-3480m de profundidade e afunilam para sudeste até 1140-1520m de profundidade no planalto de Loriu. O poço LT-2 nas bacias de North Kerio/Lake Turkana penetrou apenas até 2965m de profundidade. No noroeste, tais sedimentos com potenciais mostras de petróleo não foram alcançados no LT-2. Os sedimentos da sub-bacia de Kerio Sul que mostram uma velocidade de onda p (2,5 - 3,0 km/s) a uma profundidade de 200 - 2600m (ponto de tiro 807) é outra área potencial para perfuração (Rop, 2003).

2.6.9 Características das rochas de origem no poço LT-1 (Bacia de Lokichar)

O petróleo (petróleo e gás natural) é gerado principalmente a partir de matéria orgânica rica em lípidos enterrada nos sedimentos (Fig. 14). Durante a diagénese, a matéria orgânica é convertida em substâncias denominadas querogénio e betume. O querogénio é um composto orgânico complexo $C_{12}H_2ONO_{16}$ que, por destilação, dá origem a óleo líquido. É um produto intermédio formado pela transformação diagenética da matéria orgânica que dá origem ao petróleo. Cerca de 80 a 95% da matéria orgânica total, em certas rochas, é convertida em querogénio (Barker, 1999), enquanto o resto forma betume (uma parte da matéria orgânica semelhante ao óleo que pode ser extraída com solventes orgânicos). O querogénio formado durante a diagénese (<50%) torna-se instável a temperaturas entre 50° C e 150° C (catagénese) quando é convertido em hidrocarbonetos (Tissot e Welte, 1984; Rop, 2003). Estas temperaturas são normalmente atingidas em condições subsuperficiais a profundidades que variam entre 1,75 e 3,5 km, em consequência do gradiente médio de temperatura na crosta continental (20° C/km). A estas profundidades de enterramento e em condições de temperatura e pressão mais elevadas, o querogénio torna-se instável e ocorrem rearranjos na sua estrutura. Forma-se uma grande variedade de compostos como H, C, CO_2, H_2O e H_2S. O petróleo é, portanto, uma consequência natural da adaptação da geração de querogénio a condições de temperatura e pressão mais elevadas (Rop, 2003, 2011, 12).

Nas bacias intracontinentais, como no caso presente, o gradiente de temperatura é frequentemente mais elevado do que o normal devido ao processo de formação destas bacias. Pode por vezes atingir um gradiente de

30-33° C/km. As temperaturas mais elevadas são também atingidas pelas co-precipitações de elementos radioactivos ao longo da matéria orgânica. Verifica-se que o campo de geração de petróleo bruto se expande e atinge um máximo entre 2 e 3 km de profundidade. Em muitos casos, onde a produção de petróleo bruto é menor, existe ainda a possibilidade de encontrar gás (Rop, 2003, 2011, 12). No entanto, as profundidades mais promissoras para o gás situam-se para além dos 2,8 km de profundidade. O poço LT-1 foi perfurado até uma profundidade total de 2960m. Esta não foi, no entanto, a profundidade a que o subsolo foi atingido. Os dados sismológicos mostram que a secção sedimentar continua até uma profundidade de cerca de 3500m. Nem toda a matéria orgânica das rochas sedimentares é convertível em hidrocarbonetos de petróleo.

Dos quatro tipos conhecidos de querogénios (Fig. 14 a, b), espera-se que as bacias actuais tenham o Tipo 1 ou o Tipo III, uma vez que a fonte de matéria orgânica é lacustre e fluvial (Rop, 2003, 2011, 12; North, 1985). As rochas geradoras do poço LT-1 identificadas acima pertencem à idade do Oligoceno ao Mioceno Inferior. Estas rochas geradoras variam entre as profundidades de 800-1797 m. No entanto, a secção do intervalo que provou ter rochas geradoras eficazes com matéria orgânica suficiente que poderia gerar potencial petróleo e gás, é considerada como estando a 1650-1800 m de profundidade (considerando os gradientes normais de temperatura).

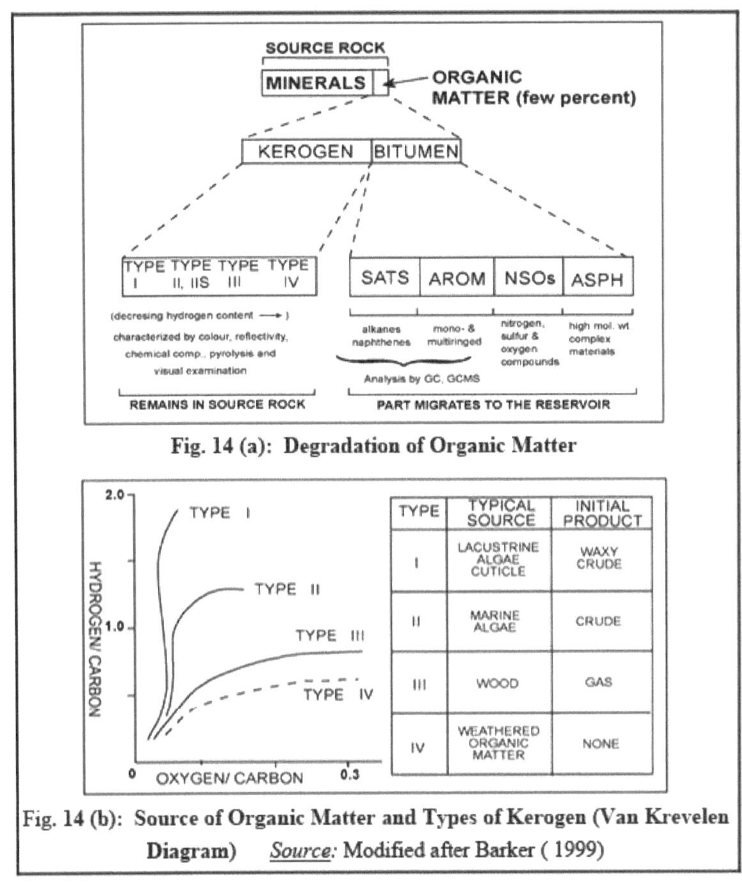

Fig. 14 (a): Degradation of Organic Matter

Fig. 14 (b): Source of Organic Matter and Types of Kerogen (Van Krevelen Diagram)   Source: Modified after Barker (1999)

Fig. 14 (a): Degradação da matéria orgânica

Fig. 14 (b): Fonte de matéria orgânica e tipos de querogénio (Diagrama de Van Krevelen) _Fonte:_ Modificado de Barker (1999)

2.6.10 Alvos prospectivos de petróleo e avaliação de prognóstico

A coluna estratigráfica é mostrada na Figura 15. A porosidade a profundidades pouco profundas (800 -1760 m) é elevada (12 - 40%), mas diminui com a profundidade (5 - 10%) a 1760 -1800 m. A distância entre os poços LT-1 e LT-2 é de cerca de 90 km. O LT-1 foi perfurado na bacia de Lokichar Sul, enquanto o LT-2 foi perfurado na bacia de Kerio Norte/Lake Turkana. As bacias de tendência N-S mergulham e aprofundam em direção ao norte. O subsolo também apresenta uma tendência de aprofundamento de sul para norte nas bacias (2 a 5 km). Até à data, não foram perfurados poços nas bacias de North Lokichar e South Kerio (Figs. 15 e 16). Futuras perfurações nas partes mais profundas das bacias de Lokichar e Kerio-

Turkana poderiam indicar áreas potenciais para hidrocarbonetos (presumindo que as rochas geradoras poderiam ter atingido o gradiente natural de temperaturas nessas partes).

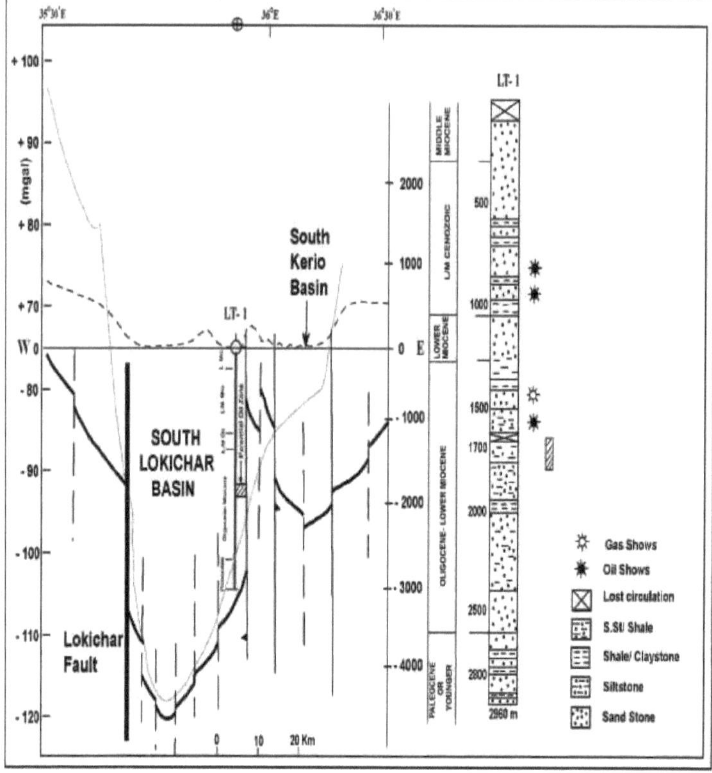

Fig. 15: Secção transversal do poço LT-1 mostrando a profundidade do subsolo e as curvas de gravidade Bouguer

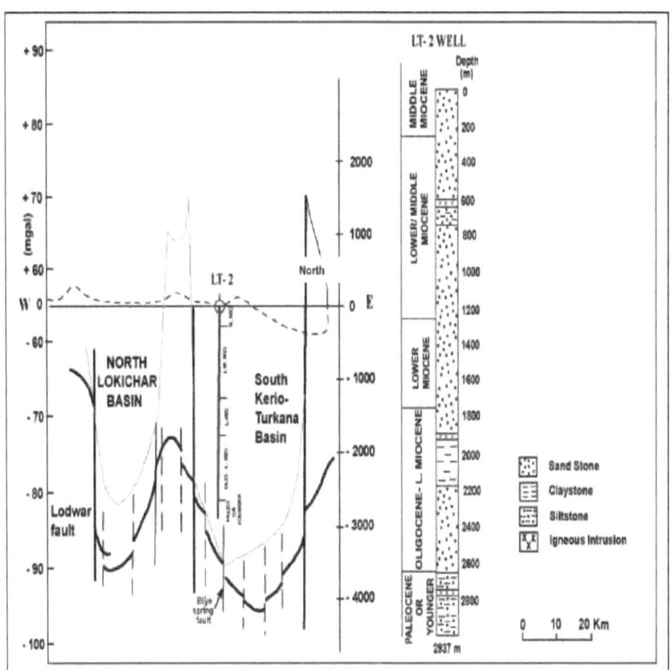

Fig. 16: Secção transversal do poço LT-2 mostrando a profundidade do subsolo e as curvas de gravidade Bouguer

Na bacia de North Kerio-Turkana, onde foi perfurado o LT-2, a sequência apresenta alguns xistos que poderiam ter formado boas rochas de cobertura (selos). A sequência consiste principalmente em arenitos e siltitos com poucas argilas. A LT-1 mostrou bons selos proporcionados por xistos lacustres a profundidades onde foram encontrados os jactos de petróleo (Figs. 15 e 16). Os xistos negros têm altos valores de registo de raios gama (120 unidades API) e baixa porosidade (< 5%). Foram encontrados de forma intermitente no poço LT-1 a 850-900 m, 980-1057 m e 1360-1420 m de profundidade.

No entanto, as numerosas falhas interpretadas e intrabasais de tendência N-S nas bacias de Lokichar e Kerio-Turkana (Figs. 15, 16 e 17) poderiam ter causado a fuga de quaisquer hidrocarbonetos gerados. Assim, mesmo que os arenitos de boa qualidade fossem bons reservatórios e de boa qualidade, como se observa intermitentemente entre as profundidades 800-1760 m, com boa porosidade (9-40%), não se registou acumulação de petróleo, talvez devido à falta de encerramento de falhas. Os arenitos apresentam porosidade decrescente com a profundidade (1240% até 1000 m e 9-19% abaixo de 1386

m) e baixa permeabilidade. No entanto, os reservatórios de melhor qualidade foram relatados (SEPK, 1992) em secções de arenitos do Mioceno tardio ao Plioceno do poço LT-2 com porosidade superior a 30% até 1000 m de profundidade e atingindo cerca de 20-25% abaixo de 2000 m de profundidade.

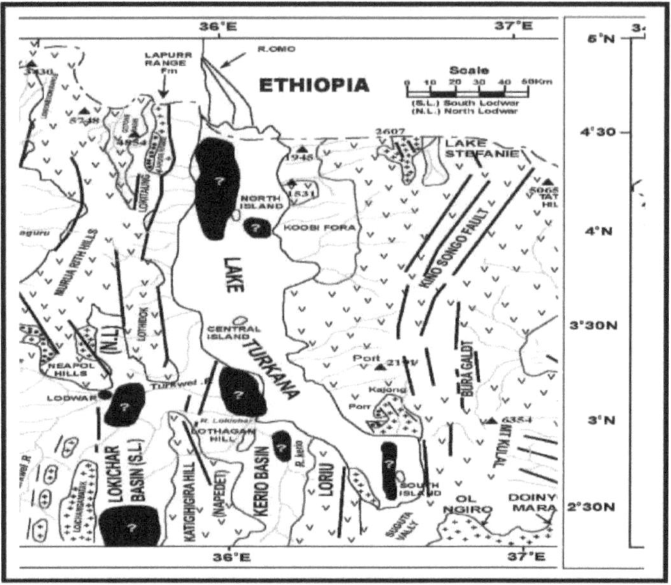

Fig. 17: Mapa que mostra as áreas-alvo prospectivas prováveis de petróleo (sombreado
preto) nos sistemas das bacias do Rift do Quénia de Lokichar, Kerio e Lago Turkana

Este facto indica variações distintas nas características dos reservatórios de um graben de uma bacia para outra nas bacias de rift do Terciário. A maturação da matéria orgânica nestas rochas geradoras (lacustres) foi consequência do elevado fluxo de calor associado ao afloramento do manto e ao rifting (Rop, 2003, 1011). A proximidade de diques vulcânicos localmente também aumentou a temperatura de maturação. O poço LT-1 estava próximo da margem oriental da bacia de Lokichar Sul, talvez num bloco de falha inclinado (Figs. 15 e 17). Mais a leste da localização do LT-1 existe uma pequena estrutura tipo horst representada pela crista do subsolo. A oeste da LT-1 foram interpretadas numerosas falhas intrabasinais norte-sul, que se estendem até ao subsolo. A bacia de Lokichar Sul é mais profunda nesta parte ao longo da principal falha marginal de tendência N-S (Lokichar).

2.6.11 Observações finais

A espessura de diferentes litologias de acordo com a idade e o tempo é observada distintamente nos dois poços (LT-1 e LT-2). A secção do Miocénico Inferior (1250-1750 m) do poço LT-2 é 500 m mais espessa do que a do LT-1 (210 m de espessura) a partir de 10501260 m. Do mesmo modo, a espessura da secção Oligocénica-Miocénica Inferior do LT-1 é mais espessa (1340 m) do que no LT-2 (1100 m). Os estratos mais antigos do Paleoceno ou de idade mais jovem na LT-1 têm uma espessura de 360 m (2600-2960 m), enquanto a sua espessura no poço LT-2 é de 287 m (2650 - 2937 m), indicando novamente uma sequência sedimentar mais espessa na LT-1 do que na LT-2. A exceção a esta situação só se verifica na secção de idade Miocénica Inferior, que, de qualquer modo, não tem nem as rochas geradoras nem os indícios de petróleo. As secções em que ocorrem indicações de petróleo e gás na LT-1 pertencem ao Oligoceno Superior-Mioceno Inferior e à parte inferior do Mioceno Inferior-Médio.

As secções de rochas geradoras na LT-1, que se estendem para as regiões mais profundas em direção a oeste, atingiram as temperaturas de 60-150° C. A sua maturidade e cozedura a essa profundidade tornaria estes sedimentos ricos em OM mais potenciais para a geração de hidrocarbonetos (Rop, 2003, 2011, 12). A extensão da secção com hidrocarbonetos no poço LT-1 também forneceria melhores rochas reservatório. Assim, as áreas na bacia a oeste do LT-1 poderiam ser projectadas como áreas de prognóstico para futuros alvos de exploração. Isto pode ser visualizado em certa medida também a partir dos perfis sísmicos. Também para norte, a bacia de Lokichar aprofunda-se com estruturas intermédias do tipo horst que separam Lokichar Norte (Lodwar) de Lokichar Sul.

A outra área potencial para exploração futura seria a leste da falha de Lodwar na bacia de North Lokichar. Estas duas áreas poderiam também ser decididas depois de se ter em devida conta os lineamentos/falhas este-oeste que controlam a drenagem (rio Turkwell). Recorde-se que o poço LT-2 (nas sub-bacias de North Kerio/Lake Turkana), a leste da crista basal, secou sem que tenham sido localizadas as potenciais rochas geradoras ou as rochas reservatório em profundidade. Há, no entanto, uma hipótese de encontrar algumas rochas com potenciais hidrocarbonetos a um nível mais profundo na área a leste da LT-2. Os dados gravimétricos e sísmicos (registos de raios gama e sónicos) fornecem ainda pistas sobre a porosidade das rochas.

CAPÍTULO 3

AVALIAÇÃO DAS ROCHAS GERADORAS

3.1 Introdução

A metodologia de investigação para este estudo fornece as características dos estratos subsuperficiais identificados que apresentam indicações de petróleo e gás, aumentadas pela análise geoquímica das potenciais rochas de origem em termos de quantidade total de carbono orgânico (TOC), índices de maturidade, temperatura máxima (Tmax) e as suas implicações para a geração de hidrocarbonetos. As rochas sedimentares não contêm inicialmente petróleo. Este é gerado durante o enterramento e a diagénese da matéria orgânica (MO) que contêm. A MO é convertida em querogénio e o tipo de querogénio depende do tipo de MO que é enterrado. Nem toda a OM nas rochas sedimentares é convertível em hidrocarbonetos de petróleo.

Por exemplo, as bacias intracratónicas, como as que estão a ser estudadas, não atraem a MO marinha. Estas bacias tiveram ambientes fluviais e lacustres de deposição. Assim, o MO trazido da vegetação das terras altas da época (Cretácico e Terciário inicial) foi enterrado juntamente com os sedimentos nos ambientes maioritariamente lacustres e fluviais.

3.2 Características dos Hidrocarbonetos das Rochas de Origem no Poço LT-1, Bacia de Lokichar

3.2.1 Introdução

Delimitada entre as longitudes 35° 30'E e 36° 20'E e as latitudes 2° 00'N e 3° 30'N, a bacia de Lokichar é segmentada como parte do Rift Terciário do Quénia de tendência N-S, pertencente aos Grandes Sistemas de Rift da África Oriental causados pela tectónica de rift extensional E-W. Este sistema de bacias está localizado no noroeste do Quénia, a sudoeste do lago Turkana e a sudeste da bacia de Lotikipi (Fig. 1). A sua geologia tem atraído ultimamente grande atenção dos geólogos, apesar da escassez de exposições à superfície devido à espessa cobertura de lavas vulcânicas do Terciário e de sedimentos aluviais depositados pelo sistema fluvial constituído pelos dois principais sistemas fluviais perenes, nomeadamente os rios Turkwell e Kerio (Rop, 2003, 2011, 12). Estes rios, que correm de sul para norte, drenam as cordilheiras basálticas pré-cambrianas de alto relevo ocidentais e os planaltos vulcânicos.

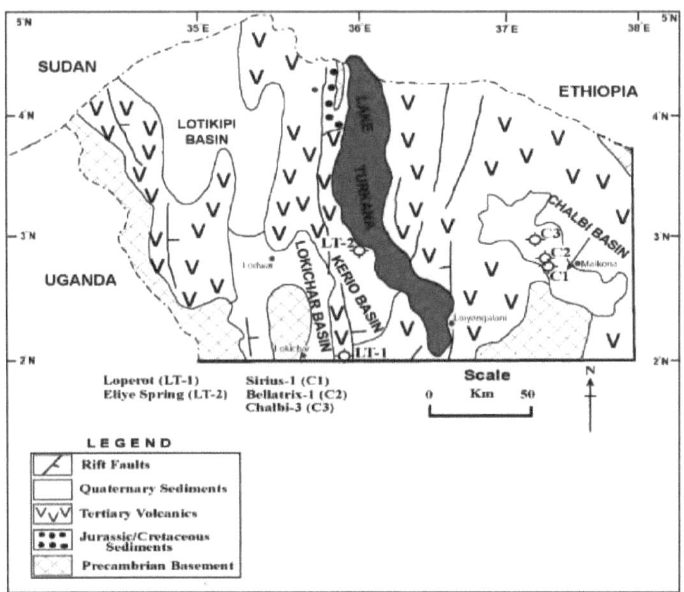

Fig. 1. Mapa com os poços perfurados nas bacias do Rift do Noroeste do Quénia

O potencial de hidrocarbonetos das sequências subsuperficiais de rochas sedimentares do Terciário da bacia de Lokichar foi interpretado utilizando algumas análises geoquímicas selectivas de amostras de rocha no poço Loperot-1 (designado por poço LT-1). O cenário geológico distinto e as características fisiográficas causadas pelo rifting tectónico e pelas falhas em bloco, que afectam a deposição de sedimentos e os sistemas de drenagem fluvial, correspondem à distribuição superficial e subsuperficial das formações rochosas. As características dos estratos subsuperficiais identificados com indícios de petróleo e gás, aumentadas pela análise geoquímica das potenciais rochas geradoras em termos de quantidade total de carbono orgânico (TOC) e temperatura máxima (Tmax), apresentam ambientes propícios e implicações para a geração de hidrocarbonetos (Figs. 2, 3 e 4).

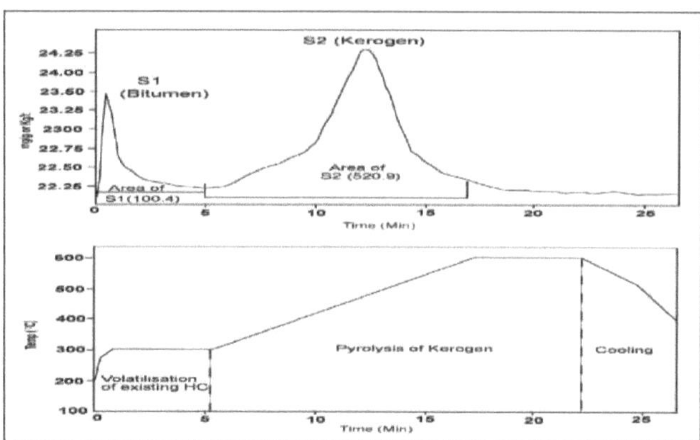

Fig. 2. Pirólise de rocha em laboratório mostrando o efeito do aquecimento de uma amostra rica em orgânicos a 1098 m de profundidade do poço LT-1 (Tmax 435,3° C)

As rochas sedimentares não contêm inicialmente petróleo (North, 1985). Este é gerado durante o enterramento e a diagénese da matéria orgânica (MO) que contêm (Barker, 1999; Tissot e Welte, 1984). Em tais bacias intracontinentais (Selly, 1985), como no caso presente, o gradiente de temperatura é frequentemente mais elevado do que o normal devido ao processo de formação desta bacia (Rop, 2003). Pode por vezes atingir um gradiente de 30° C a 33° C/km. As temperaturas mais elevadas são também atingidas pelas co-precipitações de elementos radioactivos ao longo da matéria orgânica. Verifica-se que o campo de geração de petróleo bruto se expande e atinge um máximo entre 2 e 3 km de profundidade. Em muitos casos, onde a geração de petróleo bruto é menor, existe ainda a possibilidade de encontrar gás. No entanto, as profundidades mais prometedoras para o gás situam-se para além dos 2,8 km de profundidade (Rop, 2003, 2011, 12).

O poço LT-1 foi perfurado a uma profundidade total de 2960m. Esta não foi, no entanto, a profundidade a que o subsolo foi atingido. Dados sismológicos mostram que a secção sedimentar continua até uma profundidade de cerca de 3500m. Dos quatro tipos conhecidos de kerogens, espera-se que a bacia atual tenha o Tipo 1 ou o Tipo III, uma vez que a fonte de matéria orgânica é lacustre e fluvial (North, 1985). O carbono orgânico total (COT) é uma medida do carbono presente numa rocha sob a forma de querogénio e betume. A matéria orgânica é geralmente convertida em querogénio e o tipo de querogénio depende do tipo de matéria orgânica que é enterrada.

A secção seguinte examina as variações de alguns dos parâmetros como o Carbono Orgânico Total (TOC) e Tmax (° C) em relação à profundidade, a fim de identificar a possível presença de rochas geradoras de hidrocarbonetos no poço LT-1 (Bacia de Lokichar). Por exemplo, uma bacia intracratónica como a que está em estudo não atrai OM marinha. A bacia teve ambientes fluviais e lacustres de deposição (Rop, 2003, 2011, 12). Assim, a matéria orgânica trazida da vegetação das terras altas da época (? Cretáceo e Terciário inicial) foi enterrada juntamente com os sedimentos nos ambientes maioritariamente lacustres e fluviais.

As características dos estratos subsuperficiais identificados que apresentam indicações de petróleo e gás, aumentadas pela análise geoquímica das potenciais rochas geradoras em termos de quantidade total de carbono orgânico (TOC), índices de maturidade e temperatura máxima (Tmax), apresentam ambientes propícios e implicações para a geração de hidrocarbonetos. As rochas sedimentares não contêm inicialmente petróleo (North, 1985). Este é gerado durante o enterramento e a diagénese da matéria orgânica que contêm (Baker, 1999; Tissot e Welte, 1984). Nestas bacias intracontinentais, como no caso presente, o gradiente de temperatura é frequentemente mais elevado do que o normal devido ao processo de formação destas bacias (Rop, 2003). Pode por vezes atingir um gradiente de 30-33° C/km. As temperaturas mais elevadas são também atingidas pelas co-precipitações de elementos radioactivos ao longo da matéria orgânica.

Assim, o campo de geração de petróleo bruto expande-se e atinge um máximo entre 2 e 3 km de profundidade. Em muitos casos, onde a produção de petróleo bruto é menor, existe ainda a possibilidade de encontrar gás. No entanto, as profundidades mais promissoras para o gás situam-se para além dos 2,8 km de profundidade (Rop, 2003). O carbono orgânico total (COT) é uma medida do carbono presente numa rocha (não em percentagem) sob a forma de querogénio e betume. A matéria orgânica é normalmente convertida em querogénio e o tipo de querogénio depende do tipo de matéria orgânica (MO) que é enterrada. Nem toda a OM presente nas rochas sedimentares é convertível em hidrocarbonetos de petróleo.

3.3 Materiais e métodos

3.3.1 Seleção de amostras para análise de COT

O carbono orgânico total (COT) é uma medida do carbono presente numa rocha (não pecente) sob a forma de querogénio e betume. Como mencionado nas secções anteriores, o

O poço LT-1, perfurado na bacia de Lokichar, penetrou a uma profundidade de 2960m. A litologia estabelecida através de amostras de testemunhos de sondagem não revelou a presença substancial de estratos carbonosos para além dos 2000m de profundidade. Amostras de rocha seleccionadas entre 800 e 1800m de profundidade, mostrando algumas indicações da presença de matéria orgânica, foram analisadas utilizando a técnica Rock-Eval.

A secção entre as profundidades de 800m e 1800m foi selecionada devido às mostras de petróleo relatadas e à abundância de rochas com valores elevados de raios gama. O objetivo era medir a quantidade total de carbono orgânico (TOC) e identificar as possíveis rochas de origem.

3.3.2 Metodologia da análise TOC

As amostras de rocha (cerca de 1 grama) foram primeiro tratadas com ácido clorídrico - HCL (20% v/v) - para remover os carbonatos inorgânicos. O ácido restante foi drenado com uma bomba de vácuo. A amostra foi lavada com água destilada e seca na estufa a uma temperatura constante de cerca de 40° C. Foi registada a diferença de peso antes e depois do tratamento/reação com HCl. Uma vez iniciado o sistema, este foi deixado a funcionar durante uma hora e calibrado para TOC/CO_2. A amostra seca foi então analisada num determinador de carbono (IR-212) com um forno de indução e um computador de controlo. A pressão do gás oxigénio (para queimar a amostra) e do gás azoto (para a pneumática - elevação do pedestal) foi controlada a 35 libras por polegada quadrada (psi). A pressão da câmara de combustão foi também regulada entre 11 e 12 psi (Rop, 2003, 2011, 12).

O CO_2 produzido foi passado através de uma célula de carbono IR e o seu volume registado. A máquina registava automaticamente a percentagem de peso de TOC correspondente. Geralmente, o COT nos xistos, especialmente nos xistos negros, é sempre superior a cinco vezes o dos carbonatos ou de outros leitos de sedimentos. A matéria orgânica dos carbonatos tem mais potencial para gerar hidrocarbonetos do que a dos xistos. No caso presente, o poço LT-1 não mostra a presença de carbonatos. A litologia é maioritariamente clástica, dominada por arenitos com horizontes xistosos (Rop, 2003).

3.3.3 Pirólise de amostras de LT-1 para avaliação de rochas

As amostras seleccionadas foram primeiro tratadas com solventes orgânicos (clorofórmio, diclorometano, acetona mentolada, etc.) para remover o betume. O teor de betume (TOC) também representa o teor de óleo que pode ser dissolvido de uma rocha. Posteriormente, foram submetidas a pirólise (Rock-Eval) após secagem. A amostra seca (~100 mg) foi colocada num detetor de ionização de chama (FID) e é aquecida numa corrente de hélio a uma temperatura relativamente baixa (até 300° C) durante os primeiros cinco minutos, a fim de remover hidrocarbonetos livres ou absorvidos (betume) que estavam presentes na amostra de rocha antes da pirólise (Fig. 2).

Os dois picos registados representam os volumes de dois componentes da matéria orgânica (sendo os volumes proporcionais às áreas abaixo dos picos). Os hidrocarbonetos expelidos, que normalmente se volatilizam abaixo de 300° C, são representados por S1, que fornece uma medida dos hidrocarbonetos já gerados - betume (Barker, 1999).

Não há muitas amostras que apresentem valores S1 mais elevados. A maioria das amostras apresentou valores de S2 apenas até 20 kg/g e valores baixos de S1 (<0,3). Os baixos valores de S1 mostram a escassez de hidrocarbonetos (betume) gerados abaixo de 300° C. Os valores de S2 >10 kg/g são supostamente mais potenciais para a produção de hidrocarbonetos (querogénio) (Rop, 2003, 2011, 12).

CAPÍTULO 4

POTENCIAL DE ROCHAS GERADORAS

4.1 Reconhecimento de potenciais rochas de origem

Ao continuar a aquecer a amostra a uma taxa de $25°$ C por minuto até $600°$ C, ocorre a principal decomposição térmica pirolítica do querogénio, representada pelo pico S2 (Fig. 2 - Capítulo 3). A medida da área S2, produzida a temperaturas mais elevadas (550-$600°$ C), determina o potencial efetivo de produção de hidrocarbonetos pela amostra. A área S2 é uma medida da capacidade remanescente de geração de hidrocarbonetos da matéria orgânica. Os compostos voláteis que contêm oxigénio (CO_2 e H_2O) são geralmente passados para um detetor separado (condutividade térmica), que produz a resposta S3 (Rop, 2003, 2011, 12). No entanto, este procedimento não foi efectuado no caso da amostra do poço LT-1. As duas áreas de S1 e S2 são utilizadas para determinar o nível de maturação do querogénio na rocha geradora. São expressas em miligramas por grama de rocha original (mg/g), ou quilogramas por tonelada (kg/ton).

As rochas com valores de S1 + S2 < 2 kg/ton não são consideradas potenciais rochas geradoras de hidrocarbonetos. Entre 2 e 5 kg/ton, uma quantidade significativa de petróleo pode ser gerada, mas seria demasiado pequena para resultar em expulsão. As rochas geradoras com valores de S1 + S2 entre 5 e 10 kg/ton têm o potencial de expelir alguma porção do petróleo gerado. Apenas as rochas geradoras com valores >10 kg/ton são consideradas ricas para expulsão suficiente de petróleo (Allen e Allen, 1990). Assim, estas rochas têm potencial de geração e expulsão de petróleo. A produção efectiva de petróleo e gás só pode ter lugar quando a temperatura limite ($60°$ C) é atingida. Depende também do nível de maturidade do querogénio, dado pela temperatura máxima - Tmax ($°$ C).

O Tmax em que ocorre o pico de geração S2 também é registado em graus Celsius e é um indicador da maturidade da fonte (uma função do grau de maturação). Talvez a temperatura não tenha atingido o limiar de $60°$ C, considerando o intervalo de profundidade destas amostras. Ou então o hidrocarboneto que foi gerado foi expulso e/ou migrado. Para que a expulsão ocorra, as rochas geradoras têm de ficar saturadas primeiro, uma condição que só é atingida com a maturidade do querogénio e a temperatura.

4.2 Temperatura máxima - Tmax (OC)

A temperatura máxima (Tmax) depende principalmente do nível de maturação da matéria orgânica (OM). Regra geral, a Tmax ($°$ C) aumenta com a maturidade da MO. A figura 3 mostra a variação da Tmax com a profundidade. Verifica-se que existem três picos ou regiões (altas) a 834m

(437° C) e 888m (429° C); 1308m (518° C) e 1650m (537° C); 1749m (535° C) e 1770m (536° C). Os valores mais elevados de Tmax são obtidos apenas a partir de amostras em níveis mais profundos, mas a variação não é uniforme. Atingir um nível de maturidade do querogénio (dentro da matéria orgânica nas rochas de origem) é vital para a exploração de petróleo. Com o querogénio imaturo não é gerado petróleo, mas com o aumento da maturidade, espera-se que primeiro seja gerado petróleo e depois gás. Sendo o Tmax um indicador da maturidade, quanto mais elevado for o Tmax, maior será o grau de maturidade. Deve também considerar-se que o querogénio mais complexo requer temperaturas mais elevadas para quebrar.

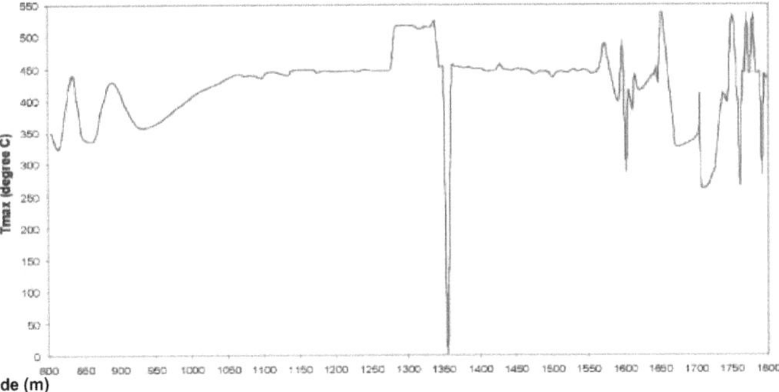

Fig. 3. Variações de Tmax com a profundidade

A Figura 3 mostra que o número máximo de amostras entre 1250m e 1800 se enquadra no intervalo de Tmax 445° C e 537° C. De 1062m a 1578m de profundidade, o Tmax mostra uma gama estável de características de 445oC-450oC com uma ligeira variação para o lado mais alto entre 1278 - 1350m e um valor súbito muito baixo a 1356m de profundidade, mas de 1590-1800m o Tmax mostra variações muito frequentes tão altas como 537° C a 1650m de profundidade e tão baixas como 263° C a 1707m de profundidade.

Estes dois níveis são também caracterizados pelos valores de raios gama. O superior tem uma gama de raios gama mais elevada (>75 unidades API), enquanto o mais profundo tem uma gama de raios gama mais baixa (60-75 unidades API). A semelhança entre o índice de produção (PI) e as curvas Tmax neste intervalo de profundidade é indicativa de uma espécie de diferença entre o tipo de hidrocarboneto (betume ou querogénio) por um lado, e uma diferença na temperatura que pode ser atingida (Rop, 2003).

O tipo de querogénio que apresenta uma gama de Tmax mais baixa é do tipo mais simples (talvez do Tipo I), enquanto as amostras na gama de profundidades de 1600m a 1800m tinham um tipo de querogénio mais complexo (talvez do Tipo III). A decomposição do querogénio depende não só das temperaturas atingidas, mas também do tempo que se obtém para a decomposição. Com tempo suficiente e temperaturas na ordem dos 100-150° C, a decomposição do querogénio é facilitada. No entanto, o querogénio mais complexo necessita de uma temperatura mais elevada e de mais tempo para o processo de fissuração. A perceção do tempo é, evidentemente, da ordem dos milhares de anos ou mesmo dos milhões de anos.

No poço LT-1, foram encontrados jactos de petróleo e gás a profundidades entre 8001000m e 1400-1600m. O primeiro nível está acima da sequência que apresenta valores moderados de TOC (Fig. 4). O valor de TOC de 0,5% é frequentemente considerado como o teor orgânico máximo para uma rocha geradora. Abaixo deste valor não é possível gerar hidrocarbonetos suficientes para saturar a rocha geradora.

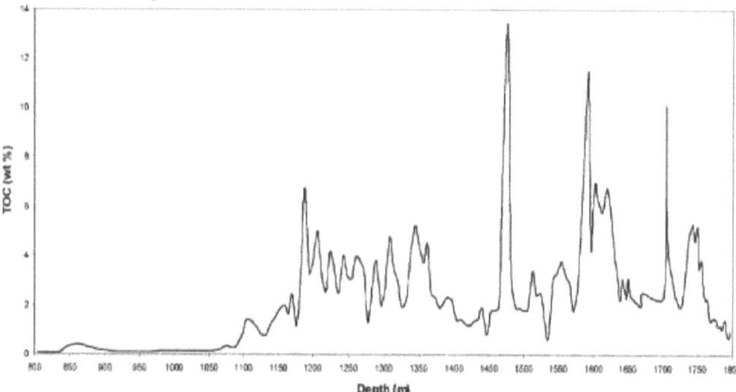

Fig. 4. Variações entre TOC e Profundidade

O segundo nível de mostras de petróleo está dentro do intervalo de profundidade das amostras que mostram Tmax uniforme e TOC mais elevado. Um gradiente geotérmico normal conduzirá a temperaturas limite de 60-65° C a uma profundidade de cerca de 1800m. Por conseguinte, espera-se que o tipo de querogénio nas profundidades mais profundas no presente caso, que representa os intervalos máximos frequentes de Tmax, seja o nível principal para a formação de petróleo. A maior parte das amostras de petróleo e gás no poço LT-1 estão acima deste nível e encontram-se em rochas com porosidade adequada.

4.3 Posição paleogeográfica

A posição paleogeográfica desta região (o que é atualmente o norte do Quénia) situava-se muito a sul do Equador durante o período Triássico-Jurássico/Cretáceo (Rop, 2003). Vegetação luxuriante em terra, terrenos pantanosos, clima húmido e boa precipitação eram algumas das condições ambientais então prevalecentes. Com esta fonte, a matéria orgânica (MO) enterrada só poderia gerar o querogénio de tipo I ou III, cujo produto inicial poderia ser o crude ceroso ou o gás.

A análise ajudou a determinar a proporção e a frequência dos horizontes de xisto nas secções arenosas, bem como as variações no tamanho do grão nos leitos de arenito. O calor radiogénico dos sedimentos ricos em OM aumenta ainda mais o gradiente de temperatura, que é também mais elevado do que o gradiente geotérmico normal nas bacias de rift intracratónicas. Os xistos negros ricos em carbono (2% em peso de COT), bem como em urânio singénico (até 400 ppm), embora mais comuns em sedimentos marinhos, podem também ser depositados noutros ambientes (lacustres) biologicamente produtivos e anóxicos. A sedimentação rápida, juntamente com o afundamento da bacia, impede a oxidação da matéria orgânica e preserva-a para uma possível produção de hidrocarbonetos.

CAPÍTULO 5

AVALIAÇÃO E DISCUSSÃO DO PROGNÓSTICO

5.1 *Introdução*

Este capítulo inclui discussões, conclusões, avaliação prognóstica e recomendações de locais prováveis para futuras perfurações, tendo em consideração a estrutura do subsolo e as secções estratigráficas sedimentares que podem ser consideradas como rochas geradoras, rochas reservatório e rochas de cobertura. É dedicado à correlação de todos os dados, estruturais, geomorfológicos, sísmicos e gravimétricos, bem como geoquímicos, relativos aos perfis dos poços de perfuração obtidos nos três poços do Cretácico (C1, C2 e C3) da bacia de Chalbi e nos dois poços da sequência do Terciário (LT-1 e LT-2) das bacias de Lokichar e Kerio-Turkana, respetivamente (Figs. 5.1 e 5.2).

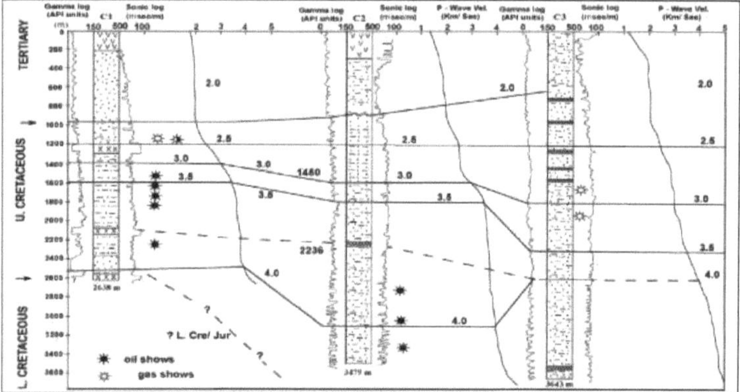

Fig. 5.1: Litologias comparativas dos poços C1, C2 e C3 da bacia de Chalbi com base em registos de raios gama e sónicos, velocidades de onda p e tempo geológico

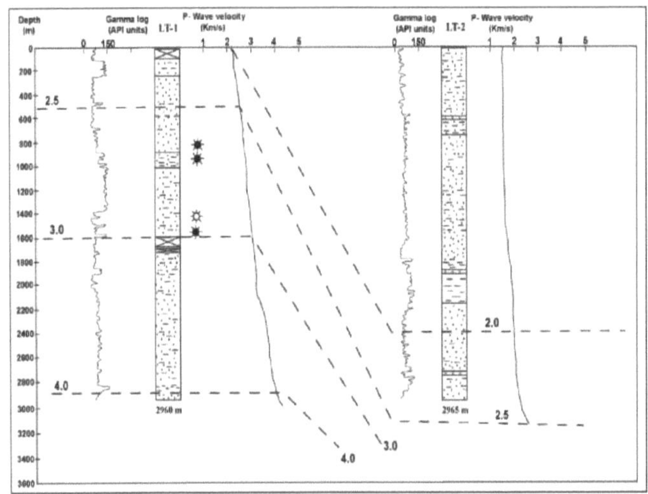

Fig. 5.2: Litologias comparativas dos poços LT-1 e LT-2 com base nas velocidades de raios gama e de ondas p.

A partir da presença palinológica da flora e dos conjuntos faunísticos encontrados nestas secções sedimentares, as empresas de perfuração (AMOCO e SEPK Shell) relataram que os sedimentos são depositados em ambientes deltaicos e fluvial-lacustres. A sedimentação nestas bacias de rift intracratónicas foi controlada por falhas intrabasinais e marginais, algumas das quais atingiram também o subsolo.

5.2 *Discussão dos resultados e avaliação prognóstica*

Os métodos geofísicos, habitualmente utilizados na exploração de petróleo e gás, os métodos gravimétricos e sísmicos, são mais comuns e eficazes. O levantamento sísmico é uma ferramenta útil para a exploração, uma vez que ajuda a cobrir grandes áreas e a mapear as unidades estratigráficas das rochas subsuperficiais, revelando também as características físicas como o grau de compacidade, rigidez, porosidade e permeabilidade. A partir dos perfis sísmicos, foi revelado que a frequência das rochas xistosas e dos arenitos compactos aumentava com a profundidade. Estas rochas foram ainda distinguidas pelos registos de raios gama para demarcar xistos negros com matéria orgânica, camadas de carvão e sedimentos com elementos radioactivos. A análise ajudou a determinar a proporção e a frequência dos horizontes de xisto dentro das secções arenosas, bem como as variações no tamanho do grão dentro dos leitos de arenito. Os sedimentos marinhos com valores mais elevados de raios gama (teor de urânio) são, naturalmente, considerados como melhores rochas de origem do que os depositados em condições lacustres e de água doce (Rop, 2003, Durrance, 1986). Os sedimentos lacustres, como os actuais, têm tipicamente baixa radioatividade de raios gama.

O calor radioativo (Durrance, 1986) dos sedimentos ricos em OM aumenta ainda mais o gradiente de temperatura que, de resto, é também mais elevado do que o gradiente geotérmico normal nas bacias de rift intracratónicas (Patwardhan, 1999). Os xistos negros ricos em carbono (2 por cento do peso do COT), bem como em urânio singénico (até 400 ppm), embora mais comuns nos sedimentos marinhos, podem também ser depositados noutros ambientes (lacustres) biologicamente produtivos e anóxicos. A sedimentação rápida, juntamente com o afundamento da bacia, impede a oxidação da matéria orgânica e preserva-a para uma possível produção de hidrocarbonetos. Na Índia, foi recentemente descoberta uma enorme jazida de gás nas regiões próximas da costa da bacia de Godavari, que contém matéria orgânica húmica suficiente (xistos e carvões associados), depositada num ambiente intermédio (Minaxi Pal et al., 1992).

As actuais bacias de rifte intracratónicas estão separadas umas das outras por cristas e hordas de subsolo ígneo e metamórfico e tendem a mergulhar para noroeste até ao Sudão. Nas partes noroeste (bacia de Lotikipi) e sudeste (bacia de Chalbi), espera-se que apresentem uma estratigrafia cretácica correlacionável; os limites das fácies estratigráficas podem ser diacrónicos. Na parte central (bacias de Lokichar-Kerio-Turkana), a estratigrafia do Cretácico é sobreposta por sedimentos do Terciário e do Quaternário, estando muitas destas sequências ensanduichadas entre fluxos de lava intermitentes. Estas bacias de rifte mais jovens fazem parte do sistema de rifte N-S principal da África Oriental.

Exemplos de bacias intracratónicas estão presentes em todo o norte do continente africano, incluindo áreas no Sudão e na Líbia, bem como no Egipto. Os seus sedimentos preenchidos são predominantemente não marinhos, mas é possível que haja alguma influência marinha durante o preenchimento inicial dos sedimentos da Bacia de Chalbi. Os gradientes geotérmicos do Cretácico e os do Terciário devem ter sido diferentes, em consequência do afloramento não uniforme do manto, tal como revelado pelos perfis de anomalias gravitacionais. As bacias intracratónicas deste tipo são pouco promissoras para a exploração de hidrocarbonetos, mas contêm rochas reservatório potenciais adequadas, que podem reter quaisquer hidrocarbonetos gerados pela matéria orgânica principalmente continental enterrada nos sedimentos. Existem alguns exemplos (1,5 por cento das reservas mundiais comprovadas) de bacias intracratónicas geradoras de hidrocarbonetos deste tipo (Tipo I, Selly, 1985).

Como já foi referido, a posição paleogeográfica desta região do que é atualmente o norte do Quénia situava-se muito a sul do Equador durante esse período. Vegetação luxuriante em terra, terrenos pantanosos, clima húmido e boa precipitação eram algumas das condições ambientais então prevalecentes. Com uma tal fonte, a matéria orgânica enterrada só poderia gerar o querogénio de Tipo I ou Tipo III, cujo produto inicial poderia ser crude ceroso ou gás (Barker, 1999 e North 1985).

Esta secção inclui discussões, conclusões, avaliação prognóstica e recomendações de locais prováveis para futuras perfurações, tendo em consideração a estrutura subsuperficial e as secções estratigráficas sedimentares que podem ser consideradas como rochas geradoras, rochas reservatório e rochas de cobertura (Winn et al., 1993). É dedicado à correlação de todos os dados, estruturais, geomorfológicos, sísmicos e gravimétricos, bem como dados de raios gama, relativos a perfis de poços de perfuração obtidos dos três poços (C1, C2 e C3) na sequência cretácica da bacia de Chalbi (Figs. 5.1; 5.2; 6.1). A partir da presença palinológica da flora e das assembleias faunísticas (McJguire e Serra, 1985) encontradas nestas secções sedimentares, a empresa de perfuração (AMOCO) relatou que os sedimentos são depositados num ambiente deltaico e marinho-lacustre. A sedimentação nesta bacia de rift intracratónica foi controlada por falhas intrabasinais e marginais, algumas das quais atingindo também o subsolo. Ao examinar a estratigrafia de subsuperfície, pretende-se também avaliar o potencial prognóstico de petróleo e gás destas bacias e extrapolar a informação para outras partes destas bacias, bem como para as áreas inexploradas a noroeste da bacia de Lotikipi.

Os estudos efectuados pela AMOCO revelaram a presença de bons reservatórios e de rochas geradoras principalmente no Cretáceo Superior. Com base nas anomalias de gravidade Bouguer, foi possível visualizar a configuração estrutural da parte da bacia de Chalbi em que os três poços foram perfurados. A Figura 7.1 mostra que a localização do poço C1 foi escolhida de modo a atingir a parte mais profunda da secção sedimentar, imediatamente a oeste da falha de Kargi. A figura mostra também que a bacia é pouco profunda em direção à margem ocidental da falha de Chalbi. As secções com rochas geradoras identificadas em C1 são representadas pelas profundidades de 1500 - 1800 m e 2300 - 2390 m. Estas rochas têm valores elevados de raios gama (até 75 unidades API) e valores de velocidade de onda p de 3,3 a 3,9 km/s (Fig. 5.1). A porosidade do intervalo superior da rocha geradora (Rop, 2003) é boa (27%) enquanto a inferior é relativamente baixa (10 - 15%). A profundidade a que ocorrem faria com que a matéria orgânica destes sedimentos (com TOC >5%) sofresse alterações para produzir hidrocarbonetos, uma vez que o gradiente de temperatura seria uma contribuição da atividade ígnea intrusiva de uma data posterior.

A secção com os indícios de petróleo e gás relatados no poço C1 seria similarmente constituída de rochas reservatório boas com porosidade boa a razoável (30%). Uma vez que as rochas geradoras e as rochas reservatório não estão muito separadas verticalmente, existe a possibilidade de o petróleo e o gás não terem migrado muito nesta secção do poço. Tanto as rochas geradoras como as rochas reservatório ocorrem apenas na secção estratigráfica do Cretáceo Superior. A sequência do Cretáceo Inferior, toda a secção mais jovem do Cretáceo Superior, bem como as secções do Terciário, não têm rochas potenciais. No entanto, nas áreas a oeste e a leste deste poço C1 (Fig. 8.1 - Capítulo 2, secção 2.4), poderá haver um show de petróleo migrado, tendo em conta as várias falhas intrabasinais.

As rochas potenciais a norte podem ser avaliadas pela secção de C2 (Figs. 5.2 e 7.2 - Capítulo 2, secção 2.4) perfurada imediatamente a norte de C1. Este poço também revelou profundidades da ordem dos 3500 m. As rochas geradoras foram representadas no intervalo de profundidade 2230 m a 3400 m. São ricas em matéria orgânica com um teor de COT até 2% em peso. Esta secção foi caracterizada por picos gama elevados que variam de 75 a 90 unidades API e velocidades de onda p de 3,8 - 4,1 km/s. Algumas rochas reservatório de porosidade boa a razoável estão também presentes nesta secção de rocha geradora a profundidades de 2730 m a 3370 m. Os reservatórios têm as mesmas características de raios gama e de velocidade de onda p que as rochas geradoras. A secção de rocha geradora, se estendida mais para as áreas mais profundas a leste de C2, teria provavelmente um melhor potencial de petróleo e gás (Fig. 8.1- Capítulo 2, secção 2.4).

Toda a secção que contém rochas geradoras está maioritariamente confinada à parte estratigráfica do Cretáceo Superior. Os picos mais elevados de raios gama indicam a presença de elementos radioactivos com matéria orgânica, o que aumenta a possibilidade de atingir temperaturas propícias à produção de hidrocarbonetos. As áreas a leste de C2 sofreram uma subsidência mais rápida, uma vez que se encontram perto da falha de Kargi (Fig. 4.2 - Capítulo 2, secção 2.4). Na secção ocidental há menos possibilidades de potenciais rochas geradoras, mas a migração de petróleo de leste para oeste ao longo de falhas inclinadas não pode ser excluída. Dependerá dos canais, da porosidade e das intercalações de xistos com arenitos.

Ao contrário dos poços C1 e C2, o poço C3 foi perfurado perto da falha de

Chalbi em direção à parte ocidental da bacia (Figs.4.1 e 7.3 - Capítulo 2, secção 2.4). Verifica-se que foi novamente perfurado na parte mais profunda da bacia de Chalbi, mas muito a norte. Entre as localizações C1, C2 a sul e C3 a norte, foram interpretadas algumas falhas que se encontram a WNW - ESE a norte do Monte Kulal. O aprofundamento da bacia para oeste nesta secção é um desvio do que é mostrado nos poços C1 e C2. Por conseguinte, parece lógico visualizar que estas falhas de corte de crista também devem ter contribuído para a subsidência da bacia. A figura mostra localizações de rochas geradoras no intervalo de profundidade de 2300 m a 3100 m, que é comparável com as profundidades atingidas em C1 e C2. As rochas geradoras apresentam valores elevados de raios gama (60 unidades API) e de onda p de 3,6 a 4,5 km/s. As rochas reservatório no poço C3 encontram-se a profundidades pouco profundas (1660 - 1700 m e 1860 - 1960 m), e caracterizam-se por baixos valores de raios gama (36 - 40 unidades API) e de ondas p de 2,9 a 3,2 km/s.

As jazidas de gás encontradas em C3 encontram-se numa secção que é mais jovem (Cretácico Superior). No entanto, tanto as rochas geradoras como as rochas reservatório em que se encontram as amostras de gás estão dentro da secção estratigráfica do Cretáceo Superior e Inferior. Isto é diferente dos poços C1 e C2, onde as rochas geradoras e as rochas reservatório estão apenas na secção do Cretáceo Superior. Imediatamente a leste do poço C3 (Fig.7.3 - Capítulo 2, secção 2.4), existe a possibilidade de a secção do Cretácico Inferior que contém estas potenciais rochas atingir partes mais profundas da bacia, que terão temperaturas mais elevadas e possíveis elementos radioactivos.

No entanto, as evidências fornecidas pelos dados sísmicos para a bacia subsuperficial de Chalbi foram correlacionadas com a descrição dos litólogos estratigráficos obtidos a partir dos poços C1, C2 e C3 perfurados (Fig. 6.1). Os litólogos foram também examinados à luz dos dados de raios gama, a fim de se obter uma compreensão clara das formações estratigráficas do subsolo em relação aos perfis sísmicos. As características estruturais salientes examinadas, contendo rochas geradoras, rochas reservatório e rochas de cobertura nos estratos portadores de petróleo/gás, com base na gravidade, nos perfis sísmicos e de raios gama, nas porosidades e noutros parâmetros sedimentológicos, ajudaram a caraterizar possíveis alvos de prognóstico futuros (Fig. 8.1) e as suas implicações para a prospeção e exploração de hidrocarbonetos.

5.3 Observações finais

Ao examinar a estratigrafia de subsuperfície, pretende-se também avaliar o potencial prognóstico de petróleo e gás destas bacias e extrapolar a informação para outras partes destas bacias, bem como para as áreas inexploradas a noroeste da bacia de Lotikipi. Os seus sedimentos preenchidos são predominantemente não marinhos, mas é possível que haja alguma influência marinha durante o preenchimento inicial dos sedimentos da Bacia de Chalbi (Cretácico), no norte do graben de Anza (Rop, 2003). Os gradientes geotérmicos do Cretácico e os do Terciário devem ter sido diferentes, em consequência do afloramento não uniforme do manto, como revelado pelos perfis de anomalias de gravidade (Figs. 4 a 7 - Capítulo 2).

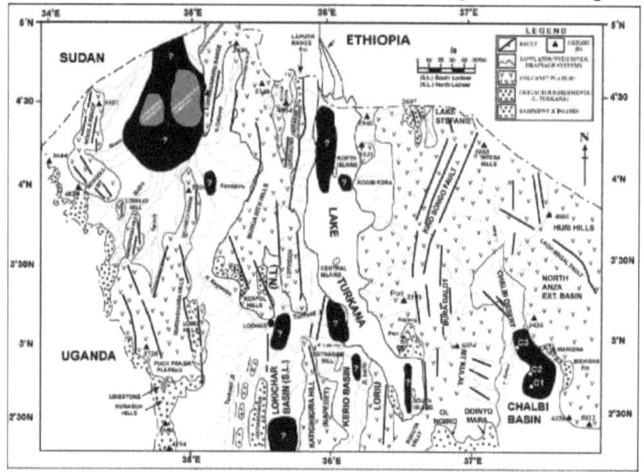

Fig. 5.3: Mapa com as áreas de provável prospeção de hidrocarbonetos (sombreado a preto/cinzento) nas bacias do Rift do Noroeste do Quénia (Lotikipi, Lago Turkana, Chalbi, Lokichar-Kerio)

As bacias intracratónicas deste tipo são pouco promissoras para a exploração de hidrocarbonetos, mas contêm rochas reservatório de potencial adequado, que podem reter quaisquer hidrocarbonetos gerados pela matéria orgânica, principalmente continental, enterrada nos sedimentos. Existem alguns exemplos (1,5 por cento das reservas mundiais comprovadas) de bacias intracratónicas geradoras de hidrocarbonetos deste tipo.

As características estruturais salientes examinadas contendo rochas geradoras, rochas reservatório e rochas de cobertura nos estratos portadores de petróleo/gás com base na gravidade, perfis sísmicos e de raios gama, carbono orgânico total (TOC), porosidades e outros parâmetros sedimentológicos ajudaram a caraterizar possíveis alvos de prognóstico futuros e as suas implicações para a prospeção e exploração de hidrocarbonetos (Fig. 5.3).

CAPÍTULO 6

CONFIGURAÇÃO DA BACIA E CONCLUSÃO

6.1 Configuração e estratigrafia da bacia

As características litológicas da superfície indicam claramente que a sedimentação, se é que ocorreu durante o Cretácico ou em épocas mais antigas, deve ter-se restringido a sub-bacias mais pequenas que só podem ser demarcadas por dados geofísicos. Os três poços exploratórios (C1, C2 e C3) perfurados na bacia de Chalbi em 1988/89 pela AMOCO, após a conclusão dos trabalhos sismológicos, penetraram em estratos do Cretáceo; enquanto os dois poços, LT-1 (Loperot 1) e LT-2 (Eliye Springs 1), perfurados em 1992 pela Shell Exploration and Production Kenya (SEPK) nas sub-bacias de Lokichar-Kerio, penetraram principalmente em estratos do Paleoceno ou mais recentes.

Os métodos gravimétricos e sísmicos são mais comuns e eficazes. O levantamento sísmico é uma ferramenta útil para a exploração, uma vez que ajuda a cobrir grandes áreas e a mapear as unidades estratigráficas das rochas subsuperficiais, revelando também as características físicas como o grau de compacidade, rigidez, porosidade e permeabilidade. A partir dos perfis sísmicos, foi revelado que a frequência das rochas xistosas e dos arenitos compactos aumentava com a profundidade, por exemplo, os das linhas sísmicas TVK 4-7 na bacia inexplorada de Lotikipi. Estas rochas foram ainda distinguidas pelos registos de raios gama para demarcar xistos negros com matéria orgânica, camadas de carvão e sedimentos com elementos radioactivos. A análise ajudou a determinar a proporção e a frequência dos horizontes de xisto dentro das secções arenosas, bem como as variações no tamanho do grão dentro dos leitos de arenito. Os sedimentos marinhos com valores mais elevados de raios gama (teor de urânio) são, naturalmente, considerados melhores rochas geradoras do que os depositados em condições lacustres e de água doce. Os sedimentos lacustres, como os actuais, têm tipicamente baixa radioatividade de raios gama.

O calor radioativo dos sedimentos ricos em OM aumenta ainda mais o gradiente de temperatura que, de resto, é também mais elevado do que o gradiente geotérmico normal nas bacias de rift intracratónicas. Os xistos negros ricos em carbono (2% em peso de COT), bem como em urânio singénico (até 400 ppm), embora mais comuns nos sedimentos marinhos, podem também ser depositados noutros ambientes (lacustres) biologicamente produtivos e anóxicos. A sedimentação rápida, juntamente com o afundamento da bacia, impede a oxidação da matéria orgânica e preserva-a para uma possível produção de hidrocarbonetos. Na Índia, foi recentemente descoberta uma enorme jazida de gás nas regiões próximas da costa da bacia de Godavari, que contém matéria orgânica húmica suficiente (xistos e carvões associados), depositada em ambiente intermédio.

As actuais bacias de rifte intracratónicas estão separadas umas das outras por cristas e hordas de subsolo ígneo e metamórfico e tendem a mergulhar para noroeste até ao Sudão. Nas partes noroeste (bacia de Lotikipi) e sudeste (bacia de Chalbi), espera-se que apresentem uma estratigrafia cretácica correlacionável; os limites das fácies estratigráficas podem ser diacrónicos. Na parte central (bacias de Lokichar-Kerio-Turkana), a estratigrafia do Cretácico é sobreposta por sedimentos do Terciário e do Quaternário, estando muitas destas sequências ensanduichadas entre fluxos de lava intermitentes. Estas bacias de rifte mais jovens fazem parte do sistema de rifte N-S principal da África Oriental.

Os expoentes das bacias intracratónicas estão presentes em todo o norte do continente africano, incluindo áreas no Sudão e na Líbia, bem como no Egipto. Os seus sedimentos preenchidos são predominantemente não marinhos, mas é possível que tenha havido alguma influência marinha durante o preenchimento inicial dos sedimentos da Bacia de Chalbi. Os gradientes geotérmicos do Cretáceo e do Terciário devem ter sido diferentes, em consequência do afloramento não uniforme do manto, tal como revelado pelos perfis de anomalias gravitacionais. As bacias intracratónicas deste tipo são pouco promissoras para a exploração de hidrocarbonetos, mas contêm rochas reservatório potenciais adequadas, que podem reter quaisquer hidrocarbonetos gerados pela matéria orgânica principalmente continental enterrada nos sedimentos. Existem alguns exemplos (1,5 por cento das reservas mundiais comprovadas) de bacias intracratónicas geradoras de hidrocarbonetos deste tipo.

6.2 Características das rochas geradoras nas bacias do Rift do Noroeste do Quénia

As características dos estratos subsuperficiais identificados com indícios de petróleo e gás apresentam ambientes propícios e implicações para a geração de hidrocarbonetos. Os hidrocarbonetos são normalmente gerados durante o enterramento e a diagénese da matéria orgânica (MO) que contêm. Nestas bacias intracontinentais, como no caso presente, o gradiente de temperatura é frequentemente mais elevado do que o normal devido ao processo de formação destas bacias. Pode por vezes atingir um gradiente de 30-33° C/km. As temperaturas mais elevadas são também atingidas pelas coprecipitações de elementos radioactivos ao longo da matéria orgânica. Assim, o campo de a produção de crude expande-se e atinge um máximo entre 2 e 3 km de profundidade. Em muitos casos, onde a produção de petróleo bruto é menor, existe ainda a possibilidade de encontrar gás. No entanto, as profundidades mais promissoras para o gás situam-se para além dos 2,8 km de profundidade.

O carbono orgânico total (COT) é uma medida do carbono presente numa rocha sob a forma de querogénio e betume. A matéria orgânica é normalmente convertida em querogénio e o tipo de querogénio depende do tipo de matéria orgânica (OM) que é enterrada. Nem toda a OM nas rochas sedimentares é convertível em hidrocarbonetos de petróleo. Por exemplo, as bacias intracratónicas, como as que estão a ser estudadas, não atraem a MO marinha. Estas bacias tiveram ambientes fluviais e lacustres de deposição. Assim, o MO trazido da vegetação das terras altas da época (? Cretáceo e Terciário inicial) foi enterrado juntamente com os sedimentos nos ambientes maioritariamente lacustres e fluviais.

6.2.1 Bacia de Chalbi

Os estudos efectuados pela empresa de perfuração (AMOCO) na bacia de Chalbi revelaram de facto a presença de bons reservatórios e de rochas geradoras principalmente no Cretáceo Superior. Com base nas anomalias de gravidade Bouguer, foi possível visualizar a configuração estrutural da parte da bacia de Chalbi em que os três poços foram perfurados. A localização do poço C1 foi escolhida de modo a atingir a parte mais profunda da secção sedimentar, imediatamente a oeste da falha de Kargi. As secções com rochas geradoras identificadas no C1 são representadas pelas profundidades de 1500 - 1800 m e 2300 - 2390 m. Estas rochas têm valores elevados de raios gama (até 75 unidades API) e valores de velocidade de onda p de 3,3 a 3,9 km/s. A porosidade do intervalo superior da rocha geradora é boa (27%), enquanto a do intervalo inferior é relativamente baixa (10 - 15%). A profundidade a que ocorrem faria com que a matéria orgânica destes sedimentos (com TOC >5%) sofresse alterações para produzir hidrocarbonetos, uma vez que o gradiente de temperatura seria uma contribuição da atividade ígnea intrusiva de uma data posterior.

A secção com os indícios de petróleo e gás relatados no poço C1 seria similarmente constituída de rochas reservatório boas com porosidade boa a razoável (30%). Uma vez que as rochas geradoras e as rochas reservatório não estão muito separadas verticalmente, existe a possibilidade de o petróleo e o gás não terem migrado muito nesta secção do poço. Tanto as rochas geradoras como as rochas reservatório ocorrem apenas na secção estratigráfica do Cretáceo Superior. A sequência do Cretáceo Inferior, toda a secção mais jovem do Cretáceo Superior, bem como as secções do Terciário, não têm rochas potenciais.

No entanto, nas áreas a oeste e a leste deste poço C1, poderá haver um espetáculo de petróleo migrado, tendo em conta as várias falhas intrabasinais. As rochas potenciais a norte podem ser avaliadas pela secção de C2 perfurada imediatamente a norte de C1. Este poço também revelou profundidades da ordem dos 3500 m. As rochas geradoras foram representadas no intervalo de profundidade 2230 m a 3400 m. São ricas em matéria orgânica com um teor de COT até 2 por cento em peso. Esta secção foi caracterizada por picos gama elevados que variam de 75 a 90 unidades API e velocidades de onda p de 3,8 - 4,1 km/s. Algumas rochas reservatório de porosidade boa a razoável estão também presentes nesta secção de rocha geradora a profundidades de 2730 m a 3370 m. Os reservatórios têm as mesmas características de raios gama e de velocidade de onda p que as rochas geradoras. A secção de rocha geradora, se estendida mais para as áreas mais profundas a leste da C2, teria provavelmente um melhor potencial de petróleo e gás.

Toda a secção que contém rochas geradoras está principalmente confinada à parte estratigráfica do Cretáceo Superior. Os picos mais elevados de raios gama indicam a presença de elementos radioactivos com matéria orgânica, o que aumenta a possibilidade de atingir temperaturas propícias à produção de hidrocarbonetos. As áreas a leste de C2 registaram uma subsidência mais rápida, uma vez que se encontram perto da falha de Kargi. Na secção ocidental há menos possibilidades de potenciais rochas geradoras, mas a migração de petróleo de leste para oeste ao longo de falhas inclinadas não pode ser excluída. Dependerá dos canais, da porosidade e das intercalações de xistos com arenitos.

Ao contrário dos poços C1 e C2, o poço C3 foi perfurado perto da falha de Chalbi, na direção da parte ocidental da bacia. Verifica-se que foi novamente perfurado na parte mais profunda da bacia de Chalbi, mas muito a norte. Entre as localizações C1, C2 a sul e C3 a norte, foram interpretadas algumas falhas que se encontram a WNW - ESE a norte do Monte Kulal. O aprofundamento da bacia para oeste nesta secção é um desvio do que é mostrado nos poços C1 e C2. Por conseguinte, parece lógico visualizar que estas falhas de corte em cruz também devem ter contribuído para a subsidência da bacia. As rochas geradoras no intervalo de profundidade de 2300 m a 3100 m são comparáveis com as profundidades atingidas em C1 e C2. As rochas geradoras apresentam valores elevados de raios gama (60 unidades API) e de onda p de 3,6 a 4,5 km/s.

As rochas reservatório no poço C3 encontram-se a profundidades pouco profundas (1660 - 1700 m e 1860 - 1960 m) e são caracterizadas por baixos valores de raios gama (36 - 40 unidades API) e de ondas p 2,9 a 3,2 km/s. Os jazigos de gás encontrados em C3 encontram-se numa secção que é mais jovem (Cretácico Superior). No entanto, tanto as rochas geradoras como as rochas reservatório em que se encontram os jazigos de gás estão dentro das secções do Cretáceo Superior e Inferior.

Secção estratigráfica do Cretáceo. Isto é diferente dos poços C1 e C2, onde as rochas geradoras e as rochas reservatório se encontram apenas na secção do Cretáceo Superior. Imediatamente a leste do poço C3, existe a possibilidade de a secção do Cretácico Inferior que contém estas rochas potenciais atingir partes mais profundas da bacia, que terão temperaturas mais elevadas e possíveis elementos radioactivos.

6.2.2 Bacias de Lokichar-Kerio

As rochas geradoras do poço LT-1 identificadas acima pertencem à idade do Oligoceno ao Mioceno Inferior. Estas rochas geradoras variam entre as profundidades 800-1797 m. No entanto, a secção do intervalo que provou ter rochas geradoras eficazes com matéria orgânica (OM) suficiente que poderia gerar potencial petróleo e gás, é considerada como estando a 1650-1800 m de profundidade (considerando os gradientes normais de temperatura). A porosidade a profundidades pouco profundas (800 -1760 m) é elevada (12 - 40%) mas diminui com a profundidade (5 - 10%) a 1760 -1800 m. Até à data, não foram perfurados poços nas bacias de North Lokichar e South Kerio.

Futuras perfurações nas partes mais profundas das bacias de Lokichar e Kerio-Turkana poderiam indicar áreas potenciais para hidrocarbonetos (presumindo que as rochas geradoras poderiam ter atingido o gradiente natural de temperaturas nestas partes). Os estratos mais antigos de idade paleocénica ou mais jovem na LT-1 têm uma espessura de 360 m (26002960 m), indicando uma sequência sedimentar mais espessa, com exceção apenas da secção de idade miocénica inferior, que, de qualquer modo, não tem rochas geradoras nem indícios de petróleo. As secções em que ocorrem indicações de petróleo e gás na LT-1 pertencem ao Oligoceno Superior-Mioceno Inferior e à parte inferior do Mioceno Inferior-Médio.

O poço LT-1 mostrou boas vedações proporcionadas por xistos lacustres a profundidades onde foram encontrados os jactos de petróleo. Os xistos negros têm valores elevados de registo de raios gama (120 unidades API) e baixa porosidade (< 5%). Foram encontrados de forma intermitente no poço LT-1 a 850-900 m, 980-1057 m e 1360-1420 m de profundidade. As secções de rochas geradoras em LT-1 que se estendem para as regiões mais profundas em direção a oeste, poderiam ter atingido os domínios de temperatura de 60-150° C. A sua maturidade e cozedura a essa profundidade tornaria estes sedimentos ricos em OM mais potenciais para a produção de hidrocarbonetos.

A extensão da secção com hidrocarbonetos no poço LT-1 também forneceria melhores rochas reservatório. Assim, as áreas na bacia a oeste do LT-1 poderiam ser projectadas como áreas de prognóstico para futuros alvos de exploração. Isto pode ser visualizado em certa medida também a partir dos perfis sísmicos. Também para norte, a bacia de Lokichar aprofunda-se com estruturas intermédias do tipo horst que separam Lokichar Norte (Lodwar) de Lokichar Sul.

A outra área potencial para exploração futura seria a leste da falha de Lodwar na bacia de North Lokichar. Estas duas áreas poderiam também ser decididas depois de se ter em devida consideração os lineamentos este-oeste e/ou as falhas que controlam a drenagem (rio Turkwell). Recorde-se que o poço LT-2 (na bacia de North Kerio) a leste da crista do subsolo secou sem que tenham sido localizadas as potenciais rochas geradoras ou as rochas reservatório em profundidade. Há, no entanto, uma hipótese de obter algumas rochas com potenciais hidrocarbonetos a um nível mais profundo na área a leste do LT-2. Os dados gravimétricos e sísmicos (registos de raios gama e sónicos) dão ainda mais pistas sobre a porosidade das rochas.

6.2.3 Bacia do Lago Turkana

A natureza da bacia subsuperficial do Lago Turkana é semelhante a um meio-graben, que se aprofunda e se torna mais complexo de sul para norte. Parece haver variações na profundidade do subsolo dos lats. 2° 30'N a 4° 30'N. Verifica-se que entre as lat. 2° 50'N e 3° N o embasamento é pouco profundo e fica exposto à superfície. Trata-se de uma estrutura tipo horst que parece ser controlada por falhas E-W. Esta região coincide com a zona de Kajong/Porr, a leste do Lago Turkana. O subsolo aprofunda-se gradualmente para leste sob a área de Moiti, que também mostra a presença de falhas menores de tendência E-W que controlaram igualmente os cursos dos rios. Para além da latitude 3° 30'N, o subsolo aprofunda-se subitamente; torna-se mais profundo (-3 a -5,2 km) entre as latitudes. 4° N a 4° 15'N.

Algumas falhas menores também foram interpretadas com base nas mudanças na inclinação do perfil do subsolo. A estrutura subsuperficial entre as latitudes 2° 50'N e 3° 45'N, baseada em perfis de gravidade e na profundidade do subsolo, mostrou que a bacia também se aprofunda para leste. Assim, a bacia do Lago Turkana parece ter sido iniciada antes da falha N-S; mais profunda a norte, entre as latitudes 3° 30'N e 4° 30'N. É nesta região que se deve esperar a continuação subsuperficial dos afloramentos da Cordilheira Lapurr.

Secção transversal da profundidade do subsolo desde a bacia de Kerio Norte até à bacia setentrional do Lago Turkana, entre lats. 2° 30'N a 4° 30'N e longs. 35° 45'E e 36° 15'E, mostra que, embora o subsolo se aprofunde gradualmente para norte, não existe uma depressão profunda distinta entre os lats. 3° 30'N a 4° 30'N. A estrutura horst vista sob a área de Moiti também não é distintamente demarcada neste perfil. Assim, a estrutura de subsuperfície é, portanto, muito complicada, caracterizada por downthrows e upthrows irregulares relacionados primeiro com a falha E-W e mais tarde com a falha N-S na bacia. A partir das secções transversais da gravidade e da profundidade do subsolo acima referidas, pode concluir-se que toda a bacia subsuperficial do Lago Turkana é delimitada por falhas N-S e que também existem falhas intrabasinais. A espessura dos sedimentos parece ser máxima a norte e menor a sul, uma vez que a bacia parece estar a aprofundar-se para norte.

6.2.4 Bacia do Lotikipi

A partir dos perfis sísmicos ao longo das linhas TVK-4, TVK-5, TVK-6 e TVK-7 na bacia do Lotikipi, foi possível identificar duas sub-bacias, entre as longitudes 34° 30'E e 35° 00' E e as latitudes 4° 15'N e 4° 45'N, que foram designadas pelos sistemas fluviais mais próximos como (a) Formação Anam-Natira e (b) Formação Tarach-Nakalale.

A secção sedimentar subsuperficial mais bem desenvolvida prevista, identificada com base em estudos sísmicos e gravimétricos, sob os canais dos rios Anam e Natira, foi designada por Formação Anam-Natira. A sequência de 1050 m de espessura (entre as longitudes 34° 30'E e 35° 00 N), que apresenta uma velocidade de onda P (Vp) entre 3,0 e 4,0 km/s no perfil da linha TVK-4, é interpretada como sendo constituída principalmente por arenitos e xistos. A secção inferior de 350 m, entre 1900 m e 2250 m de profundidade, deverá conter arenitos compactos com frequentes camadas espessas de argila/xisto, para as quais a gama de Vp se situa entre 3,5 e 4,0 km/s. A secção superior de 700 m, entre 1200 m - 1900 m de profundidade, deve ser constituída principalmente por arenitos de grão fino com camadas menores de argila/xisto, seguidas para cima por arenitos de grão grosso. A secção superior é caracterizada por uma gama de Vp mais baixa, entre 3,0 e 3,5 km/s, mas as camadas intercaladas de argila/xisto ou de arenitos menos porosos e mais compactos são marcadas por Vp mais elevados (3,5 km/s).

A secção mais desenvolvida (Terciário ?) (1420 m de espessura) localizada sob os sistemas fluviais de Tarach e Nakalale, caracterizada por Vp entre 2,0 e 3,0 km/s, foi denominada Formação Tarach-Nakalale. Deduzida ao longo do TVK-6, a área abrangida pelos Longs. 34° 45'E e 35° 03'E e Lats. 4° 24' N e 4° 42' N mostra um melhor desenvolvimento desta formação, que parece ser constituída por areias menos consolidadas, cascalhos, siltes e argilas que se tornam cada vez mais compactas na parte basal da secção (1560-2060m de profundidade). A sub-bacia da linha TVK-6 delimitada pelas lats. 4° 24'N e 4° 42' N e longs. 34° 45'E e 35° 03'E podem ser considerados como representando a secção "tipo" da Formação Tarach-Nakalale. A sequência "tipo" da Formação Tarach-Nakalale mostra uma representação bem desenvolvida de ambos os membros, que têm uma espessura de cerca de 800 m cada.

Futuras perfurações e descobertas de fósseis fornecerão atributos estratigráficos adicionais a estas formações sismicamente definidas na bacia de Lotikipi. No entanto, neste momento, não é possível atribuir uma idade estratigráfica definitiva à secção, mas, ocorrendo numa configuração tectónica e estratigráfica semelhante, suspeita-se que a Formação Anam-Natira possa ser homotaxial às Formações Sharaf e Abu Gabra (de idade neocomiana ou albiano-aptiana) do sul do Sudão. Embora apenas futuras perfurações permitam atribuir atributos litológicos adicionais a estas duas subdivisões, na ausência de quaisquer outros critérios para atribuir uma idade estratigráfica, poderá ser útil considerar a Formação Tarach-Nakalale como coeva do Grupo Cordofão do Sul do Sudão (idade terciária inicial).

Além disso, é de salientar que as sub-bacias em que se suspeita que as sequências mais espessas da Formação Anam-Natira (Cretácico Superior?) são diferentes das sub-bacias em que se prevê uma maior espessura da Formação Tarach-Nakalale (Terciário Inferior?). Uma vez que não foram perfurados poços exploratórios na bacia de Lotikipi, a maior parte da avaliação prognóstica da bacia dependerá da avaliação efectuada em rochas de idade equivalente pertencentes às outras bacias (ao longo dos Rifts de Anza e Abu Gabra, de tendência NW-SE).

6.3 Conclusão

Como já foi discutido no Capítulo 4, a posição paleogeográfica desta região (o que é atualmente o norte do Quénia) estava muito a sul do Equador durante o período Triássico-Jurássico/Cretáceo. Por conseguinte, a vegetação luxuriante em terra, os terrenos pantanosos, o clima húmido e a boa precipitação eram algumas das condições ambientais então prevalecentes. Com uma tal fonte, a matéria orgânica enterrada só podia gerar o querogénio de tipo I ou III, cujo produto inicial podia ser crude ceroso ou gás (Figs. 14 a & b no Capítulo 2).

A partir da presença palinológica da flora e das assembleias faunísticas encontradas nestas secções sedimentares, as empresas de perfuração

(AMOCO e SEPK) relataram que os sedimentos foram depositados em ambientes marinhos e deltaicos e/ou fluvio-lacustres. A sedimentação nestas bacias de rift intracratónicas foi controlada por falhas intrabasinais e marginais, algumas das quais atingiram também o subsolo. Ao examinar a estratigrafia de subsuperfície e os núcleos de poços perfurados, pretende-se também avaliar o potencial prognóstico de petróleo e gás destas bacias e extrapolar a informação para outras partes destas bacias, bem como para as áreas inexploradas a noroeste da bacia de Lotikipi. Os seus sedimentos preenchidos são predominantemente não marinhos, mas é possível que exista alguma influência marinha durante o preenchimento inicial dos sedimentos da Bacia de Chalbi (Cretáceo) no norte do graben de Anza. Os gradientes geotérmicos das bacias do Cretáceo e do Terciário devem ter sido diferentes, em consequência do afloramento não uniforme do manto, tal como revelado pelos perfis de anomalias de gravidade.

As bacias intracratónicas deste tipo são pouco promissoras para a exploração de hidrocarbonetos, mas contêm rochas reservatório potenciais adequadas, que podem reter quaisquer hidrocarbonetos gerados pela matéria orgânica principalmente continental enterrada nos sedimentos. Existem alguns exemplos de bacias intracratónicas geradoras de hidrocarbonetos deste tipo. Os xistos negros ricos em carbono (2% em peso de COT), bem como em urânio singénico (até 400 ppm), embora mais comuns nos sedimentos marinhos, podem também ser depositados noutros ambientes (lacustres) biologicamente produtivos e anóxicos. A sedimentação rápida, juntamente com o afundamento da bacia, impede a oxidação da matéria orgânica e preserva-a para uma possível produção de hidrocarbonetos.

As características estruturais salientes examinadas contendo rochas de origem, rochas reservatório e rochas de cobertura nos estratos portadores de petróleo/gás com base na gravidade, perfis sísmicos e de raios gama, carbono orgânico total (TOC) e outros parâmetros sedimentológicos ajudaram a caraterizar possíveis alvos de prognóstico futuros e as suas implicações para a prospeção e exploração de petróleo nas bacias do Rift do noroeste do Quénia.

REFERÊNCIAS

Allen, A.A. e Allen, J.R. (1990): Basin Analysis: Principles and Applications. Blackwell Scientific Publications, Oxford London-Edinburgh, 451p.

Barker, B.H.(1986): Tectónica e vulcanismo do sul do Vale do Rift do Quénia e sua influência na sedimentação do rift. In: Frostick, L.E. et al (Ed), Sedimentation in the African Rifts, Geological Society Special Publication

No. 25, pp.45-57.

Barker, B.H.; Morh, P.A. e Williams, L.A.J. (1972): Geology of the Eastern Rift systems of Africa. Geological Society of American Special Paper 136, 67p.

Barker, C. (1999): Petroleum Geochemistry in exploration and development: Parte 1 - Princípios e processos. The Leading Edge, Vol. 18, pp. 678-684.

______ (1999): Petroleum Geochemistry in exploration and development: Parte 2-Aplicações. The Leading Edge, Vol. 18, pp. 782-786.

BEICIP (1984): Petroleum potential of Kenya 1984 follow-up, Ministério da Energia e do Desenvolvimento Regional, 100p.

Behrensmeyer, A.K. (1978): Correlação da sequência Plio-Pleistocénica na bacia setentrional do Lago Turkana: um resumo de provas e questões. In: Bishop, W.W.(Ed.), Geological Background to Fossil Man: Recent Research in the Gregory Rift Valley, East Africa. Edimburgo, Scottish Academic Press, pp.421-440.

Bloom, A.L. (2002): Geomorphology, Third Edition. Prentice-Hall India Pvt. Ltd., New Dheli, 482p.

Davidson, A. e Rex, D.C. (1980): Age of volcanism and rifting in southwestern Ethiopia. Nature, Vol. 283, pp. 657-658.

Durrance, E.M., 1986, "Radioactivity in Geology: Principles and Applications", Ellis Horwood Limited Publishers, Chichester.

Girdler, R.W. (1983): Processamento do rifteamento planetário como visto no rifteamento e rutura de África. Tectonophysics, Vol. 94, pp. 241-252.

Green, L.C.; Richards, D.R. e Johnson, R.A. (1991): Crustal structure and tectonic evolution of the Anza rift, northern Kenya. Tectonophysics, Vol. 197, pp. 203-211.

Key, R.M.; Rop, B.P. e Rundle, C.C. (1987): O desenvolvimento do vulcão alcalino basáltico Marsabit Shield do Cenozoico Superior, no norte do Quénia. Journal of African Earth Sciences, Vol. 6, pp. 475-491.

Key, R.M.; Rop, B.K. e Rundle, C.C. (1987): Geology of Marsabit area. República do Quénia, Departamento de Minas e Geologia: Relatório n.º 108, 42 p.

Minax Pal, Venkatesh, V., Balyan, A.K. e Sarkar, A., 1992, "Hydrocarbon Prospects of Gondwana Basins in India; Source Rock Studies of Kamthi Sub-Basins of Pranhita-Godavari Graben," Journal of Geological Society of India, Vol. 40, pp. 207-215.

Morley, C.K.; Wescott, W.A.; Stone, D.M.; Harper, R.M.; Wigger, S.T. e Karanja, F.M. (1992): Evolução tectónica do Rift do norte do Quénia. Journal of the Geol. Soc., Londres, Vol. 149, pp. 333-348.

North, F.K. (1985): Petroleum Geology. Boston Unwin Hyman Publishers, 631p. Patwardhan, A.M., 1999, "The Dynamic Earth System", Prentice-Hall of India. Rop, B. (2012): Potencial de Hidrocarbonetos das Bacias de Rift do Noroeste do Quénia: A Synopsis of Evidence and Issues, 157p. LAMBERT Academic Publishing, Alemanha.

Rop, B.K. (1990): Stratigraphic and sedimentological study of Mesozoic-Tertiary strata in Loiyangalani area, Lake Turkana district, NW Kenya. (tese de mestrado não publicada, Universidade de Windsor, Canadá), 128 p.

(2002): Subsurface geology of Kenyan Rift Basins adjacent to Lake Turkana based on gravity anomalies: In the abstracts of International Seminar on Sedimentation and Tectonics in Space and Time, 16th - 18th April, 2002; Page 83-85. (Departamento de Engenharia Civil, S.D.M. College of Eng. & Tech., Dharward - 580 003 Índia).

(2003): Subsurface stratigraphical studies of Cretaceous-Tertiary basins of northwest Kenya (tese de doutoramento não publicada, Universidade de Pune, Índia), 174p.

(2011): Petroleum Potential of NW-Kenya Rift Basins, A Synopsis of Evidence and Issues, publicação online do sítio Web de Geologia de Exploração e Produção: http://www.epgeology.com

(2011): Características de hidrocarbonetos das rochas de origem no poço Loperot-1, NW Quénia, publicação online do sítio Web de Geologia de Exploração e Produção: http://www.epgeology.com

Schull, T.T. (1988): Rift Basins of interior Sudan: Exploração e Descoberta de Petróleo. O Boletim AAPG, Vol. 72, pp. 1128-1142.

Selly, C.R., 1985, "Elements of Petroleum Geology", W.H. Freeman and Co. Nova Iorque.

Sharma, P.V. (1976): Geophysical Methods in Geology. W.H. Freeman and Company, Nova Iorque, 449 p.

Tissot, B.P. e Welte, D.H. (1984): Petroleum formation and occurrence, 2nd Ed: Springer-Verlag. 538p.

(1984): Petroleum Formation and Occurrence, Second Revised and Enlarged Edition: Springer-Verlag Berlin Heidelberg New York Tokyo, 699p.

Walsh, J. e Dodson, R.G. (1969): Geology of Northern Turkana. Serviço Geológico do Quénia. In: Bishop, W.W. (Eds.), Scottish Academic Press, Edinbergh, pp. 395-414.

Winn, R.D.; Steinmetz, J.C. e Kerekgyarto, W.L. (1993): Stratigraphy and Rift History of Mesozoic-Cenozoic Anza Rift, Kenya. The AAPG Bulletin, Vol. 77, pp. 1989-2005.

CAPÍTULO 7

GEOLOGIA APLICADA NA EXPLORAÇÃO EXTRACTIVA MINEIRA

Resumo

A exploração e a utilização dos recursos naturais exigem uma mão de obra qualificada, equipada com uma base sólida de conhecimentos de engenharia e geociência, complementada por competências técnicas. Os engenheiros e geocientistas desempenham um papel crucial na vanguarda destes empreendimentos, beneficiando dos seus conhecimentos e competências relevantes. Esta visão abrangente da geologia aplicada sublinha a importância das competências essenciais necessárias para a identificação e descrição dos minerais predominantes na formação de rochas. Estes minerais desempenham um papel fundamental nos intrincados processos de formação das rochas. Ao adquirir e aperfeiçoar estas competências vitais, os profissionais da área podem contribuir efetivamente para o sucesso da exploração e caraterização dos recursos geológicos. Assim, a geologia aplicada engloba também os processos terrestres, geralmente conhecidos como riscos geológicos, em particular os sismos, que afectam negativamente os progressos já alcançados. Assim, os geólogos devem estudar esses processos e recomendar medidas de mitigação necessárias para minimizar os danos em terrenos geológicos vulneráveis aos riscos geológicos. Este trabalho reforça os conhecimentos essenciais e as competências práticas para os académicos e para o desenvolvimento de infra-estruturas.

1.0 Introdução

O êxito da prospeção e da exploração sustentável dos recursos naturais exige uma mão de obra qualificada e bem versada em conhecimentos de engenharia e geociência, complementada por competências técnicas. Os engenheiros e geocientistas desempenham um papel vital na vanguarda destes esforços, dotados de conhecimentos e capacidades relevantes.

Esta visão abrangente da geologia aplicada enfatiza a importância da aquisição de competências essenciais para a identificação típica e descrição detalhada de minerais comuns formadores de rochas. Estes minerais são componentes integrais dos intrincados processos envolvidos na formação das rochas. Ao possuir e cultivar estas competências críticas, os profissionais da área podem contribuir ativamente para a exploração e caraterização eficazes dos recursos geológicos, promovendo uma gestão responsável e informada dos recursos (Rop, et. al., 2022). A geologia aplicada inclui também os processos terrestres, geralmente designados por riscos geológicos, especialmente os sismos, que afectam negativamente o progresso do desenvolvimento de infra-estruturas já alcançado. Do mesmo modo, os tsunamis, as inundações, os deslizamentos de terras e a atividade vulcânica podem ter um enorme impacto negativo na civilização. Os geólogos aplicados estudam estes processos e recomendam medidas de mitigação necessárias para minimizar os danos em terrenos geológicos vulneráveis aos riscos geológicos.

No documento que aborda a lógica de exploração em geologia aplicada, foram incluídas ilustrações recentes de elementos de terras raras (REE). Estes elementos são vitais como matérias-primas críticas para o avanço das tecnologias, incluindo aplicações de energia limpa, componentes militares de alta tecnologia e eletrónica.

A investigação incorpora estas ilustrações para sublinhar a importância dos REE nas tecnologias modernas e para realçar a sua relevância no contexto da geologia aplicada. Além disso, o documento fornece uma descrição detalhada e propriedades de identificação de minerais seleccionados. Estas descrições servem de base para comparação com os resultados obtidos em estudos de campo.

Ao apresentar esta comparação, os leitores podem avaliar a exatidão das descrições de minerais fornecidas e ganhar confiança nos resultados da investigação. A integração de ilustrações recentes e de análises detalhadas de minerais melhora a compreensão geral da importância dos elementos de terras raras e do seu potencial impacto nas tecnologias em evolução (Rop, et. al., 2022).

1.1 Geologia aplicada no desenvolvimento de infra-estruturas

A geologia é uma disciplina científica que se dedica ao estudo exaustivo do planeta Terra. Este domínio multifacetado engloba várias especialidades geológicas, cada uma delas contribuindo com conhecimentos únicos sobre a composição e os processos da Terra. Alguns destes ramos especializados incluem a Geofísica, que explora as propriedades e os processos físicos da Terra; a Geoquímica, que investiga a composição química das rochas e dos minerais; a Petrologia, que examina a origem e a classificação das rochas; a Hidrogeologia, que se centra no estudo das águas subterrâneas; a Paleontologia, que desvenda a história da vida na Terra através da análise de fósseis; a Geologia de Engenharia, que avalia os factores geológicos relevantes para os projectos de construção e de infra-estruturas; e a Tectónica Global, que investiga os movimentos e as interacções das placas tectónicas da Terra. A integração destas diversas disciplinas geológicas aumenta a nossa compreensão da natureza complexa e dinâmica do planeta. (Rop e Namwiba, 2018. Os materiais naturais e os processos geológicos são investigados de forma exaustiva no estudo científico com o objetivo de aplicar os princípios fundamentais em empreendimentos que visam melhorar a vida da humanidade. Normalmente, os princípios fundamentais são aplicados em projectos de engenharia. Assim, existem várias considerações que fazem com que a geologia aplicada contribua para a sustentabilidade da civilização moderna, uma vez que os processos geológicos e os recursos naturais são integrados no desenvolvimento de infra-estruturas (Rop e Namwiba, 2018; 2019).

De facto, estes processos têm de ser compreendidos em profundidade para uma aplicação eficaz de aspectos seleccionados da geologia aplicada. A geologia aplicada fornece informações valiosas sobre vários processos geológicos, como os movimentos da litosfera, o rifting, a subducção e a interação contínua entre o manto e a crosta. Ao estudar estes fenómenos, os investigadores adquirem uma compreensão mais profunda dos processos tectónicos de placas interligados (Patwardhan, 1999) que contribuem para a formação de rochas ígneas, sedimentares e metamórficas. Além disso, este conhecimento lança luz sobre os episódios de mineralizações, elucidando a génese e a distribuição de depósitos minerais valiosos. O exame atento destes processos geológicos através da geologia aplicada revela o funcionamento intrincado do nosso planeta e da sua história geológica, enriquecendo a nossa compreensão das características geológicas dinâmicas e diversas da Terra.

Os geólogos aplicados estudam esses processos e recomendam medidas de mitigação necessárias para minimizar os danos em terrenos geológicos vulneráveis aos riscos geológicos. Por exemplo, ao estudar os padrões de inundação dos rios, é possível delinear bairros residenciais seguros para evitar danos causados por futuros episódios de inundação. Da mesma forma, o conhecimento da ciência sísmica, quando aplicado, também ajuda a minimizar os danos que podem ser causados por terramotos de fortes magnitudes. Neste caso, os locais de geração de tremores de terra (epicentros) são identificados de modo a permitir que os aspectos sísmicos sejam tidos em conta no projeto de estruturas de engenharia que são propostas para construção em regiões sísmicas.

Em geral, a Geologia Aplicada analisa a forma como as questões geológicas afectam a vida dos seres humanos, incluindo os efeitos dos riscos geológicos e os problemas ambientais associados, bem como as formas de acesso e gestão dos recursos naturais para o desenvolvimento de infra-estruturas (Rop e Namwiba, 2018; 2019). Assim, a importância da geologia aplicada no desenvolvimento de infraestruturas, tal como explicado por Patwardhan (1999), sendo o papel desempenhado pela tectónica de placas na geologia aplicada, desempenha um papel fundamental em vários processos geológicos, abrangendo a formação de rochas ígneas, sedimentares e metamórficas, bem como a génese de depósitos minerais. Além disso, contribui para a nossa compreensão da evolução da vida na Terra. Além disso, a geologia aplicada aborda riscos geoambientais críticos, como erupções vulcânicas, terramotos, inundações, tsunamis, secas e desertificação.

No contexto atual, a geologia aplicada tornou-se cada vez mais importante na gestão da crescente adoção de fontes de energia renováveis, incluindo a energia solar, hídrica, eólica e nuclear, para a produção de energia e a sustentabilidade ambiental (Patwardhan, 1999).

1.1 Problemas típicos de infra-estruturas que requerem Geologia Aplicada:

(a) Estruturas de construção e engenharia civil: Os conhecimentos geológicos de engenharia são essenciais na conceção e construção de edifícios residenciais, comerciais e industriais, bem como noutros projectos de engenharia civil. É fundamental garantir que todas as estruturas estão localizadas num terreno adequado. Por conseguinte, é necessário efetuar investigações adequadas ao local para interpretar as condições do solo e identificar potenciais zonas fracas. Nos casos em que são encontrados solos soltos, são implementadas medidas de construção adequadas para garantir a estabilidade e a segurança das estruturas. A geologia aplicada desempenha um papel vital no fornecimento de informações e orientações valiosas ao longo do planeamento e execução de projectos de construção e engenharia civil. Tais medidas podem envolver técnicas de estabilização do solo que podem envolver a densificação mecânica. (Rop e Namwiba, 2018; 2019).

(b) Recursos minerais: Os depósitos de minério e os minerais industriais são matérias-primas naturais que estão a ser procuradas. Materiais como o aço para reforço são fabricados a partir de rochas adequadas que são ricas em ferro, como a magnetite e a hematite (Rop e Namwiba, 2018; 2019). No entanto, o petróleo bruto, como hidrocarboneto, ocorre como um fluido natural preso nas rochas. É necessária a aplicação de técnicas de exploração modernas para poder identificar rochas em terrenos geológicos remotos que contêm esta fonte de energia natural. O petróleo é uma das principais fontes de energia, cujos produtos derivados são numerosos, tanto em termos de número como de aplicação. Os produtos betuminosos utilizados nas obras de construção são derivados deste recurso natural. Infelizmente, os subprodutos são um perigo para o ambiente quando a emissão desses produtos para a atmosfera continua a não ser controlada.

(d) Mitigação de riscos geológicos: Um geólogo aplicado deve ser capaz de identificar potenciais riscos naturais e de origem humana. Por exemplo, os aspectos da degradação de um talude podem ser incorporados na fase de projeto, podendo os cortes do talude e as medidas de apoio ser atenuados de modo a garantir a estabilidade (Rop, 2011).

2.1 Elementos de terras raras

Consequentemente, as REES estavam expostas a um risco potencial elevado de rutura dos fornecimentos se não fossem intensificados os esforços na procura de novas reservas.

Assim, os recursos mundiais conhecidos (dotação) de REE são susceptíveis de aumentar com o tempo (Long at al., 2010). Estes recursos ocorrem principalmente, por ordem decrescente, na China, Rússia, Estados Unidos, Índia e Austrália.

Por conseguinte, o desenvolvimento de minas de REE implica custos elevados, incluindo a extração de REE e o custo das instalações de extração a utilizar para estas tecnologias mais recentes.

3.1 A Geologia Aplicada desempenha um papel fundamental na identificação e descrição pormenorizada de minerais e rochas

O processo começa com a observação de cenários de campo e o exame de espécimes de mão, de preferência em ambientes de laboratório após excursões de campo. Para ajudar os alunos a compreender os aspectos práticos da geologia aplicada, foram fornecidas ilustrações seleccionadas de ocorrências de campo. Estas figuras ilustrativas permitem que os alunos visualizem cenários de campo da vida real que também são prevalecentes em vários outros locais. Ao utilizar estes recursos visuais, os alunos podem adquirir uma compreensão mais profunda dos princípios da geologia aplicada e das suas aplicações práticas no domínio da identificação de minerais e rochas (Rop, Wangari e Namwiba, 2022).

Um manual de laboratório para a identificação e descrição de minerais e rochas tem como objetivo dotar os alunos da capacidade de realizar as seguintes competências específicas:

1) Demonstrar uma compreensão da prática laboratorial padrão para identificação e descrição efectuada em espécimes de mão de minerais e rochas típicos;

2) Ilustrar, sob a forma de esboços etiquetados, amostras típicas de minerais e rochas para representar características físicas adequadas à identificação e distinção dos minerais ou rochas em causa;

3) Avaliar a qualidade dos minerais e rochas com base nas características físicas determinadas em condições laboratoriais normalizadas; e finalmente,

4) Utilizar os resultados laboratoriais para recomendar estudos adicionais para minerais ou amostras de rocha já examinadas para investigações

adicionais ou confirmação no terreno numa data posterior.
REFERÊNCIAS

1. Long, K.R., Van Gosen, B.S., Foley, N.K., e Cordier, D, (2010). Os principais depósitos de elementos de terras raras dos Estados Unidos: Um resumo dos depósitos nacionais e uma perspetiva global: U.S. Geological Survey Scientific Investigations, Report 2010 -5220,96 p.

2. Patwardhan, A.M. (1999). The Dynamic Earth Sysytem, Prentice-Hall of India Publishers, 4th Ed. ISBN-13: 978-9388028738.

3. Prof. Bernard Kipsang Rop (2021): Petroleum Synopsis of the NW-Kenya Rifts Basins, 38p., Generis Publishing, www.generis-publishing.com

4. Rop, B.K., Maina, C.W., Koskey, P.K., Namwiba, W.H. e Mwendwa, J.M. (2022). "Geologia Aplicada Contemporânea na Perspetiva da Mineração". ISSN: 2213-1356 *www.ijirk.com* |*Volume-7* Issue-2 | fevereiro de 2022 *International Journal of Innovative Research and Knowledge,* pp.14-41.

5. Rop, B. K., Wangari, J. K. e Namwiba, W. N. (2022): Fundamentals of Laboratory Practices in Mineralogy and Petrology (Fundamentos das Práticas Laboratoriais em Mineralogia e Petrologia): Mineralogy and Petrology (A Handbook for Comparative Studies) 216p. Verlag/Publisher: Scholar's Press ISBN-13: 978-613-8-96862-7.

6. Rop, B.K. e Namwiba, W.H. (2019): Geologia Aplicada na Prática da Construção: Um companheiro para o desenvolvimento de infra-estruturas 692p.
Verlag/Publisher: Scholar's Press ISBN 978-613-8-83476- 2.

7. Rop, B.K. e Namwiba, W.H. (2018). Fundamentos de Geologia Aplicada: Abordagem de Competência e Avaliação, 697p. Verlag, Editora: LAP LAMBERT Academic Publishing ISBN 978- 613-9-57896-2.

8. Rop, B.K., Seroni, A. e Krop, I. (2020). Impactos Económicos da MAPE no Condado de Taita Taveta, Quénia: Gemstones Mining 129p. Verlag/Publisher: LAP LAMBERT Academic Publishing, ISBN 978-620-2-51546-7.

9. Rop, B.K. e Patwardhan A. M. (2013): Estudo de Avaliação de Hidrocarbonetos de Rochas de Origem da Bacia de Lokichar, Noroeste do Quénia. Jornal da Sociedade Geológica da Índia, Volume 81, pp. 575-580.

10. Rop, B. K. (2013): Potencial petrolífero da bacia de Chalbi, NW do Quénia. Jornal da Sociedade Geológica da Índia, Volume 81, pp. 405-414.

11. Rop, B.K. (2012): Características de hidrocarbonetos das rochas de origem no poço Loperot-1, NW Quénia. Jornal da Associação das Sociedades Profissionais da África Oriental, Vol. 4, pp. 5 - 8.

12. Rop, B.K. (2011): Vulnerabilidade a Desastres de Deslizamento de Terra no Quénia Ocidental e Opções de Mitigação: A Synopsis of Evidence and Issues of Kuvasali Landslide. Journal of Environmental Science and Engineering (EUA), Vol. 5, N.º 1, janeiro de 2011, N.º de Série 38, pp. 110 - 115.

13. Rop, B.K., Rwatangabo, D.E.R. e Namwiba, W.H. (2023): Properties, Occurrences and Uses of Minerals and Rocks: *A Comparative Illustrative Approach* 257p. Verlag/Publisher: Scholar's Press ISBN-13: 978-620-552235-6.

14. USGS. (2014).The Rare-Earth Elements: Vital to Modern Technologies and Lifestyles (Vital para as tecnologias e estilos de vida modernos) https://pubs.usgs.gov/fs/2014/3078/pdf/fs2014-3078/pdf

ANÁLISE DOS RECURSOS GEOTÉRMICOS COMO MANIFESTAÇÕES DO VULCANISMO NA ÁFRICA ORIENTAL

Resumo

As rochas ígneas são materiais que ocorrem naturalmente e que continuam a evoluir a partir de um estado fundido (magma) através de processos de arrefecimento. Os materiais sólidos que evoluem são frequentemente compostos cristalinos conhecidos como minerais. As câmaras magmáticas que estão localizadas a pouca profundidade formam frequentemente sistemas geotérmicos de alta temperatura. Os sistemas derivam o seu calor de processos magmáticos que culminam em actividades vulcânicas em localidades onde o magma é extrudido para a superfície do solo. O magma é extrudido, sob a forma de lava ou cinzas vulcânicas, como resultado de actividades vulcânicas violentas. Muitas vezes, as actividades vulcânicas estão relacionadas com processos geotérmicos em condições hidrogeológicas favoráveis. Os reservatórios geotérmicos desenvolvem-se em resultado disso e podem ser encontrados durante a exploração. Estes reservatórios estão distribuídos por todo o globo. São predominantes ao longo das fronteiras de placas e dos sistemas de fendas continentais, como se verifica na África Oriental. As actividades vulcânicas estão normalmente relacionadas com a tectónica de placas e a deriva continental. Por exemplo, o Grande Vale do Rift, que atravessa o continente africano desde o Norte até à África Central e Oriental, alberga numerosos vulcões. Os vulcões estão activos e inactivos e localizam-se no fundo do vale e nos seus flancos.

Este documento examina as actividades geotérmicas que se manifestam à superfície do solo sob diferentes formas, com ênfase nas características geotérmicas da África Oriental, particularmente nas características que são conspícuas no Sistema de Fendas do Quénia. Estas características incluem fontes termais, fontes quentes ou géiseres, jactos de vapor, fumarolas, terrenos quentes e depósitos superficiais de enxofre. A principal distribuição global de centros vulcânicos é também captada e relacionada com a configuração tectónica das placas. Posteriormente, são mencionados os principais investimentos geotérmicos operacionais nesses centros vulcânicos. Por exemplo, o governo do Quénia continua a investir fortemente na exploração de recursos geotérmicos como forma preferida de energia verde para estimular o desenvolvimento em todos os sectores da economia. De facto, estão a ser exploradas grandes reservas para adicionar a energia gerada à rede nacional.

Palavras-chave: Rochas, afloramento magmático, actividades geotérmicas, sistemas geotérmicos de alta temperatura, manifestações geotérmicas, géiseres, Grande Vale do Rift, rifting e deriva continentais, tectónica de placas e vulcanismo.

INTRODUÇÃO

As rochas são materiais sólidos que ocorrem naturalmente e que são classificados em rochas ígneas, sedimentares e metamórficas com base no seu modo de formação. Destes três tipos de rochas, as rochas ígneas evoluem a partir de um estado fundido (magma) através de processos de arrefecimento que resultam no desenvolvimento de vários constituintes cristalinos conhecidos como minerais [1, 2]. As câmaras magmáticas, localizadas a pouca profundidade, formam frequentemente sistemas geotérmicos de alta temperatura. Os sistemas consistem em componentes hidrológicos que incluem um subsistema de aquecimento natural, zona de recarga, todas as partes subsuperficiais e os componentes de escoamento [5]. As actividades geotérmicas que estão relacionadas com o vulcanismo estão amplamente distribuídas por todo o globo, particularmente ao longo das fronteiras de placas e dos sistemas de riftes continentais. As actividades vulcânicas estão normalmente relacionadas com a tectónica de placas e a deriva continental. Com efeito, a maior parte dos vulcões activos situa-se ao longo do Sistema Circum-Pacífico, também conhecido como "Anel de Fogo", que continua a alimentar as manifestações geotérmicas. Atualmente, o aproveitamento da energia geotérmica visa as manifestações geotérmicas que são economicamente viáveis.

No Quénia, o vulcanismo está amplamente distribuído ao longo de sistemas de fendas regionais, a partir dos quais a separação da crosta continental continua a um ritmo lento [4]. As actividades geotérmicas manifestam-se à superfície do solo sob diferentes formas, que incluem fontes termais, fontes quentes ou géiseres, jactos de vapor, fumarolas, terrenos quentes e depósitos superficiais de enxofre [4, 5]. Por exemplo, o Grande Vale do Rift, que atravessa o continente africano desde o Norte até à África Central e Oriental, alberga numerosos vulcões activos e inactivos [2]; os vulcões estão localizados no fundo do vale, bem como nos seus flancos. Os vulcões activos constituem uma ameaça para as infra-estruturas, a vida humana e o ambiente em geral, apesar de alimentarem o gradiente geotérmico. As manifestações de actividades geotérmicas são generalizadas no chão do Vale do Rift, diretamente acima do centro de um corpo magmático ascendente, como a cúpula do Quénia. A cúpula continua a registar actividades magmáticas de magnitude crescente que reforçam o potencial de exploração, desenvolvimento e aproveitamento geotérmico.

ROCHAS ÍGNEAS INTRUSIVAS E EXTRUSIVAS

As rochas ígneas são classificadas em dois grupos, ou seja, vulcânicas e intrusivas [6].

• As rochas ígneas *vulcânicas* ou *extrusivas* formam-se quando a lava (magma que é extrudido para a superfície) arrefece e cristaliza enquanto;

• As rochas ígneas *intrusivas* ou *plutónicas* desenvolvem-se quando o magma não é extrudido na superfície terrestre, mas cristaliza-se em profundidade na Terra.

Normalmente, *o Magma* é uma mistura de rocha líquida, cristais e gases vulcânicos. Caracteriza-se por uma vasta gama de composições químicas, com temperaturas elevadas e propriedades de um líquido. Os magmas são menos densos do que as rochas circundantes, pelo que se deslocam para cima através de aberturas.

Rochas Ígneas Intrusivas

(a) Tipos de Magma

A composição química do magma é controlada pela abundância de elementos na Terra, nomeadamente Si, Al, Fe, Ca, Mg, K, Na, H e O, que perfazem 99,9%. O silício e o oxigénio são os mais abundantes. Os dois elementos resultaram na formação de sílica (SiO_2) como o mais abundante dos óxidos, ao contrário dos carbonatos, sulfatos, etc. A análise química dos minerais que constituem as principais rochas ígneas pode ser efectuada em termos de sílica, dando assim origem a três categorias principais [4], ou seja

1. *Máfico ou Basáltico*-- SiO_2 45-55 wt%, alto em Fe, Mg, Ca, baixo em K, Na

2. *Intermediário ou andesítico*-- SiO_2 55-65 wt%, intermediário. em Fe, Mg, Ca, Na, K

3. *Félsico ou riolítico* - SiO_2 65-75%, baixo em Fe, Mg, Ca, alto em K, Na.

(b) Gases magmáticos:

Quase todos os magmas em profundidade na Terra contêm gases naturais. Os magmas têm um carácter explosivo, uma vez que se expandem à medida que a pressão diminui. Os gases típicos presentes são;

• Principalmente H_2O com algum CO_2 e;

• Pequenas quantidades de enxofre, Cl e F;

• Os magmas félsicos têm normalmente um teor de gás mais elevado do que os magmas máficos.

(c) Temperatura dos Magmas:

A distribuição de calor nos magmas depende do tipo de magma em consideração. As temperaturas para as três principais categorias de magma mostradas na tabela 1 variam de 650oC a 1200 oC:

- Máfico/Basáltico - 1000-1200oC
- Intermediário/Andesítico - 800-1000 C°
- Félsico/Riolítico - 650-800° C.

Tabela 1: Características típicas dos magmas [15]

Tipo Magma	Rocha vulcânica solidificada	Rocha Plutónica Solidificada	Composição química	Temperatura	Viscosidade	Conteúdo de gás
Máfico ou Basáltico	Basalto	Gabro	SiO2 % 45-55, alto teor de Fe, Mg, Ca, baixo teor de K, Na	1000 - 1200 C°	Baixa	Baixa
Intermediário ou andesítico	Andesite	Diorite	SiO2 % 55-65, intermediário em Fe, Mg, Ca, Na, K	800 - 1000 C°	Intermediário	Intermediário
Félsico ou riolítico	Rirolito	Granito	SiO2 % 65-75, baixo teor de Fe, Mg, Ca, alto teor de K, Na	650 - 800 C°	Elevado	Elevado

As rochas de composição basáltica são as mais difundidas e constituem a maior percentagem de rochas da crosta oceânica que se encontram sobrepostas por depósitos sedimentares espessos derivados de rochas da crosta continental. Os três tipos de rochas são comuns nos sistemas de fendas continentais, como o Grande Sistema de Fendas da África Oriental.

(d) Viscosidade dos Magmas

A viscosidade, sendo o oposto de fluidez, refere-se à "resistência ao fluxo". Depende principalmente da composição da sílica, da temperatura e do teor de gás da fusão magmática. Normalmente;

- Os magmas com maior teor de SiO2 têm maior viscosidade do que os magmas com menor teor de SiO2;
- Os magmas de baixa temperatura têm maior viscosidade do que os magmas de alta temperatura.

(e) Geração de magma

Para gerar magma na parte sólida da terra, o gradiente geotérmico deve ser aumentado de alguma forma ou a temperatura de fusão das rochas deve ser reduzida. O gradiente geotérmico pode ser aumentado através do afloramento de material quente a partir de baixo, quer através do afloramento de material sólido (fusão por descompressão), quer através da intrusão de magma (transferência de calor). A redução da temperatura de fusão pode ser conseguida através da adição de água ou de dióxido de carbono (fusão por fluxo).

(i) Fusão por descompressão: Em condições normais, a temperatura na Terra, indicada pelo gradiente geotérmico, é inferior à temperatura de fusão do material rochoso do manto. Assim, para que as rochas do manto se fundam, tem de haver um mecanismo que aumente o gradiente geotérmico. Um desses mecanismos é a convecção, através da qual o material quente do manto sobe para regiões de menor pressão nas rochas e, nesse processo, transporta consigo o seu calor (Fig.1).

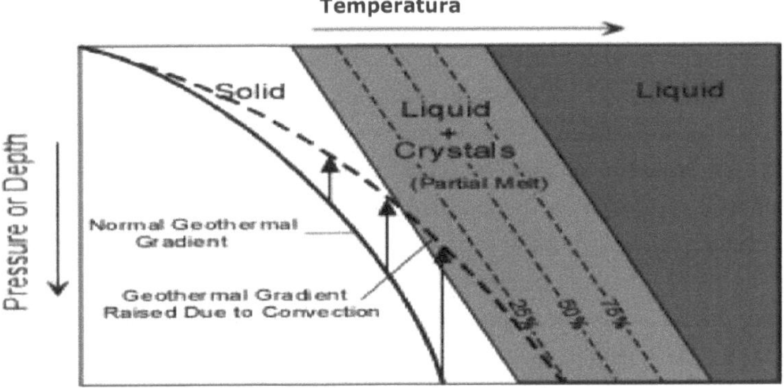

Fig.1 Relação pressão-temperatura para a fusão por descompressão

Se o gradiente geotérmico elevado se tornar mais elevado do que a temperatura de fusão inicial a qualquer pressão, então formar-se-á uma fusão parcial. O líquido desta fusão parcial pode ser separado dos restantes cristais porque, em geral, os líquidos têm uma densidade inferior à dos sólidos. Os magmas basálticos parecem originar-se desta forma.

O afloramento do manto parece ocorrer sob as cristas oceânicas, nos pontos quentes e sob os vales continentais. Assim, é provável que a geração de magma nestes três ambientes geológicos seja causada pelo processo de fusão descompressiva.

(ii) Transferência de calor: Quando os magmas que foram gerados por outro mecanismo se intrometem na crosta fria, trazem consigo calor [5]. Após a solidificação, perdem este calor e transferem-no para a crosta circundante. As intrusões repetidas podem transferir calor suficiente para aumentar o gradiente geotérmico local e provocar a fusão das rochas circundantes para gerar novos magmas (Fig.2).

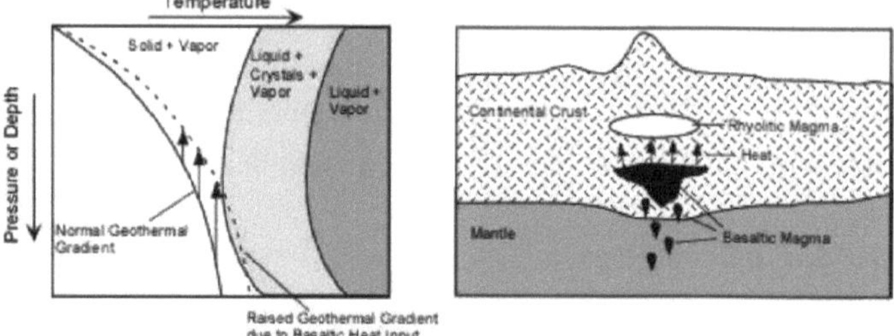

Fig.2: Geração de magma através da transferência de calor

(iii)Fusão por fluxo: Se fluidos como a água ou o dióxido de carbono forem adicionados a uma massa rochosa, a temperatura de fusão diminui. Se a adição de água ou dióxido de carbono tiver lugar nas profundezas da Terra, onde a temperatura já é elevada, pode ocorrer uma redução da temperatura de fusão e fazer com que a rocha se funda parcialmente e gere magma. As regiões onde a água é introduzida acompanhada pela fusão da massa rochosa são as zonas de subducção (Fig.3). Aqui, a água presente nos espaços porosos da crosta oceânica subductiva ou a água presente em minerais como a hornblenda, a biotite ou os argilominerais seria libertada pelo aumento da temperatura e passaria para o manto sobrejacente. Assim, a introdução da água no manto baixa a temperatura de fusão do manto, gerando uma fusão parcial, que se separa do manto sólido e sobe em direção à superfície sob a forma de fluidos geotérmicos.

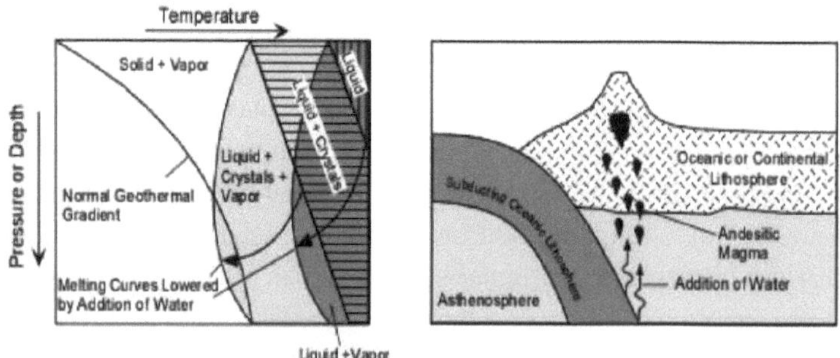

Fig.3: Processo de fusão do fluxo

(e) Composição inicial do magma

A composição inicial do magma é ditada pela composição da rocha de origem e pelo grau de fusão parcial. Por exemplo, a fusão de uma fonte do manto que é normalmente granítica e peridotítica resulta em magmas máficos/basálticos. No entanto, a fusão de fontes crustais produz magmas siliciosos, uma vez que as rochas crustais continentais são ricas em sílica. Em geral, os magmas mais siliciosos formam-se através de baixos graus de fusão parcial. À medida que o grau de fusão parcial aumenta, podem ser geradas composições menos siliciosas.

Rochas ígneas extrusivas

Os magmas atingem a superfície da Terra através de uma erupção através de uma abertura chamada centro vulcânico. O magma pode entrar em erupção de forma explosiva ou não-explosiva. As erupções não explosivas são favorecidas por magmas com baixo teor de gás e baixa viscosidade e são típicas de magmas basálticos a andesíticos e, por vezes, de magmas riolíticos. Tais erupções;

- Geralmente começam com fontes de fogo devido à libertação de gases dissolvidos
- Produzir fluxos de lava na superfície
- Produzem lavas em forma de almofada se entrarem em erupção debaixo de água

As erupções explosivas são favorecidas pelo alto teor de gás e alta viscosidade e são típicas de magmas andesíticos a riolíticos. Em tais erupções;

- A expansão das bolhas de gás é resistida pela alta viscosidade do magma - resulta em aumento de pressão
- A alta pressão nas bolhas de gás faz com que estas rebentem quando atingem o ambiente de baixa pressão na superfície da Terra.
- O rebentamento das bolhas fragmenta o magma em *piroclastos* e *tefra (cinzas).*
- Nuvem de gás e tefra eleva-se acima do vulcão para produzir uma *coluna de erupção* que pode subir até 45 km para a atmosfera.

A tefra que cai da coluna de erupção produz um *depósito de queda de tefra Fig.4.* Se a coluna eruptiva colapsar, pode ocorrer um *fluxo piroclástico*, em que o gás e a tefra se precipitam pelos flancos do vulcão a grande velocidade. Este é o tipo mais perigoso de erupção vulcânica. Os depósitos produzidos são designados por *ignimbritos*.

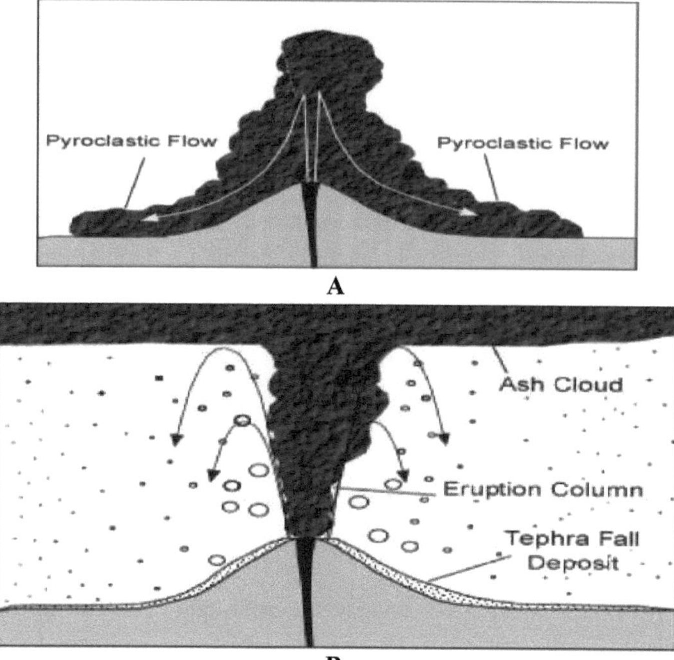

Fig.4: Ilustração esquemática de uma erupção vulcânica: Fluxo de lava (a) e piroclástico (b)

(a)Rochas extrusivas/vulcânicas típicas e vidro natural

Os basaltos, andesitos e riolitos são todos tipos de rochas vulcânicas que se distinguem com base no seu conjunto de minerais e composição química. Estas rochas tendem a ser de grão fino a vítreo ou porfirítico. Dependendo das condições presentes durante a erupção e o arrefecimento, qualquer um destes tipos de rocha pode formar um dos seguintes tipos de rochas vulcânicas.

• *Obsidiana:* Vidro vulcânico de cor escura (material amorfo) com fratura concoidal e poucos ou nenhuns cristais, geralmente de composição riolítica.

• *Pedra-pomes:* Rocha de cor clara e peso leve, constituída maioritariamente por espaços vazios (*vesículas*) que outrora foram ocupados por gás, geralmente de composição riolítica ou andesítica.

• Rocha *vesicular*: Rocha de cor escura cheia de buracos (como um queijo suíço) ou vesículas que outrora foram ocupadas por gás. A sua composição é geralmente basáltica e andesítica. Se as vesículas do basalto vesicular forem posteriormente preenchidas por precipitação de calcite ou quartzo, então os preenchimentos são designados por amígdalas e o basalto é designado por basalto amígdaloidal.

• *Piroclastos:* São fragmentos quebrados que resultam do rompimento explosivo do magma. Os conjuntos soltos de piroclastos são designados por *tefra*. Dependendo do tamanho, o material de tefra pode ser classificado como bombas, lapilli ou cinzas.

• A rocha formada pela acumulação e cimentação de tefra é designada por *rocha piroclástica* ou tufo. A soldadura (compactação) faz com que a tefra (material solto) seja convertida em rocha piroclástica.

(b) Distribuição das actividades vulcânicas

As actividades ígneas continuam a ocorrer em vários contextos geotectónicos desde o tempo geológico passado. As configurações geotectónicas incluem limites de placas divergentes e convergentes, pontos quentes e vales de riftes.

(i) Limites de Placas Divergentes: Nas cristas oceânicas, as actividades ígneas envolvem a erupção de fluxos de lava basáltica que formam lavas de almofada nas cristas oceânicas e a intrusão de diques e plutões sob as cristas. Os diques formados são basálticos, enquanto os plutões são maioritariamente de composição gabroica. Estes processos formam a maior parte da crosta oceânica, resultando na propagação do fundo do mar. Os magmas são gerados por fusão descompressiva, à medida que a astenosfera sólida quente sobe e funde parcialmente.

(ii) Limites de Placas Convergentes: A subducção que ocorre nas fronteiras de placas convergentes introduz água no manto acima da subducção e provoca a fusão do fluxo do manto para produzir magmas basálticos. O magma sobe em direção à superfície enquanto se diferencia por assimilação e fracionamento de cristais para produzir magmas andesíticos e riolíticos. Os magmas que atingem a superfície constroem arcos de ilhas e margens continentais. Os arcos vulcânicos são constituídos por fluxos de lava de basalto, andesito e riolito e material piroclástico. Os magmas que se intrometem por baixo destes arcos podem provocar a fusão da crosta e formar plutões e batólitos de dioritos e granitos. Parte da água aquecida do processo de fusão de fluxos escapa através de descontinuidades e pode atingir a superfície do solo como manifestação geotérmica.

(iii)Pontos quentes: Os pontos quentes são localidades onde o manto quente ascende em direção à superfície sob a forma de plumas de rocha quente. A fusão por descompressão nestas plumas ascendentes resulta na produção de magmas que entram em erupção para formar um vulcão à superfície ou no fundo do mar, acabando por construir uma ilha vulcânica. À medida que a placa dominante se move sobre o ponto quente, o vulcão desloca-se para fora do ponto quente e forma-se um novo vulcão sobre o ponto quente. As ilhas vulcânicas do Havai, como mostra a figura 5, desenvolveram-se desta forma.

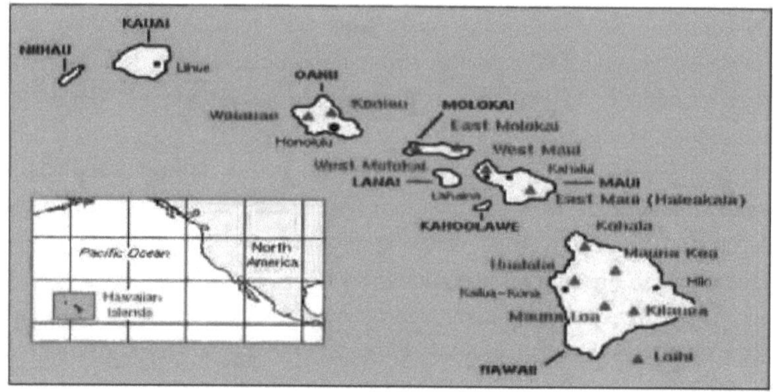

Fig 5: Ilhas do Havai

Isto produz um trajeto de ponto quente que consiste em linhas de vulcões extintos que conduzem ao vulcão ativo no ponto quente. Um ponto quente localizado por baixo de um continente pode resultar na fusão por transferência de calor da crosta continental para produzir grandes centros vulcânicos riolíticos e plutões graníticos abaixo. Um bom exemplo de um ponto quente continental é Yellowstone, no oeste dos EUA. Ocasionalmente, um ponto quente coincide com uma crista oceânica. Nesse caso, o ponto quente produz volumes de magma maiores do que os que normalmente ocorrem na crista e, assim, constrói uma ilha vulcânica na crista. É o caso da Islândia, que se situa no topo da Crista Média Atlântica (Fig. 6).

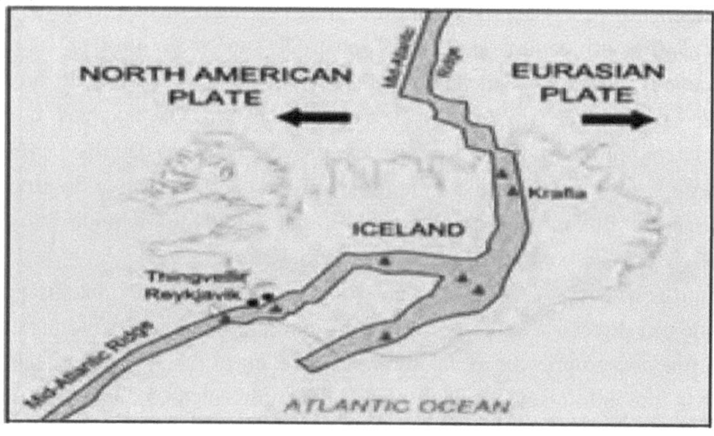

Fig. 6: Configuração tectónica da placa de Lcotaud

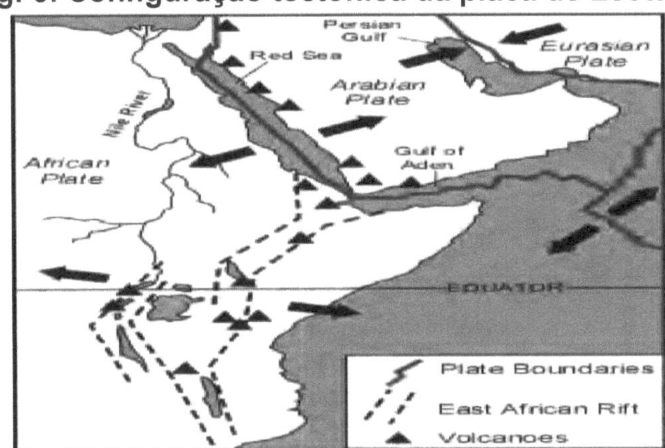

(iv)Vales Rift: A subida do manto por baixo de um continente pode resultar em fracturas de extensão na crosta continental, formando um vale em fenda [4]. À medida que o manto se eleva, sofre uma fusão parcial por descompressão, resultando na produção de magmas basálticos que podem entrar em erupção como basaltos de inundação à superfície. Os derretimentos que ficam presos na crosta podem libertar calor, resultando na fusão da crosta para formar magmas riolíticos que também podem entrar em erupção à superfície no vale do rift. Um excelente exemplo de um vale em fenda continental é o Rift da África Oriental. O rift continua a ritmos diferentes à medida que a parte oriental de África se afasta para leste do resto do continente africano. De facto, o Vale do Rift da África Oriental estende-se por mais de 3.000 km desde o Golfo de Aden, a norte, até ao Zimbabué, a sul, dividindo a placa africana em duas partes desiguais.

(v) Grandes províncias ígneas: No passado, grandes volumes de magma maioritariamente basáltico entraram em erupção no fundo do mar para formar grandes planaltos vulcânicos, como o Planalto de Java Ontong no Pacífico oriental. O planalto de Ontong Java é um enorme planalto de lava oceânica no Oceano Pacífico, a norte das Ilhas Salomão[13]. A maior parte do planalto foi formada debaixo de água e está submersa, mas a colisão tectónica com o bloco das Ilhas Salomão fez com que partes do Planalto de Java Ontong fossem elevadas acima do nível do mar [14]. Estas erupções de grande volume podem ter efeitos nos oceanos porque alteram a forma do fundo oceânico e provocam uma subida do nível do mar. Os basaltos formam planaltos que, por sua vez, criam obstruções que podem alterar drasticamente o padrão de fluxo das correntes oceânicas. Estas alterações no ambiente oceânico, juntamente com as enormes quantidades de gás libertadas pelos magmas, podem alterar o clima e ter efeitos drásticos na vida do planeta.

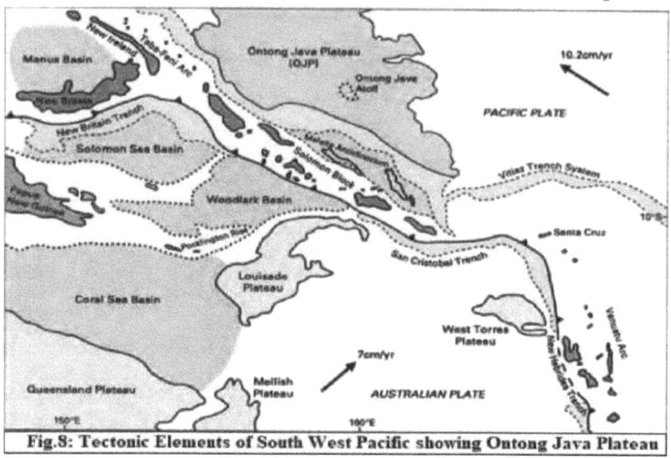

Fig.8: Tectonic Elements of South West Pacific showing Ontong Java Plateau

III MANIFESTAÇÕES GEOTÉRMICAS

A energia geotérmica refere-se à energia que é aproveitada das águas de alta entalpia, sob a forma de águas mornas ou quentes. Pode também apresentar-se sob a forma de vapor natural aquecido pelo calor que emana do interior da terra. O magma, sendo um material natural a altas temperaturas, possui calor suficiente para aquecer a água subterrânea que entra em contacto com ele. A presença de poros e de zonas de infiltração nas massas rochosas facilita a infiltração da água subterrânea.

O magma pode formar uma câmara magmática e estar localizado a pouca profundidade da superfície do solo ou pode estar a entrar em erupção em centros vulcânicos à superfície, como é o caso das cadeias vulcânicas do Havai. O magma também pode ter aflorado à superfície através de falhas regionais, como as que estão associadas à evolução dos vales de riftes. A Figura 9 mostra as ilhas vulcânicas do Havai com cenários de erupções para Mauna Loa, que ocorreu em 1984, e Kilauea, em 2010. Os recursos geotérmicos do Havai são potencialmente vastos, mas estão em grande parte descaracterizados [11]. Um estudo realizado pela GeothermEx Inc. em 2000 estimou que o estado do Havai poderia ter mais de 1500 MW de potencial de energia geotérmica, o suficiente para satisfazer quase três quartos da procura de eletricidade do estado [12]

138

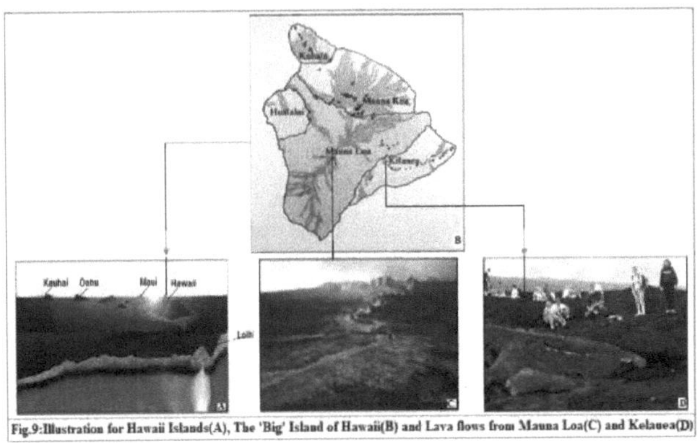

Fig.9:Illustration for Hawaii Islands(A), The 'Big' Island of Hawaii(B) and Lava flows from Mauna Loa(C) and Kelauea(D)

As câmaras magmáticas que estão localizadas a pouca profundidade formam frequentemente sistemas geotérmicos de alta temperatura [5]. Os sistemas, tal como ilustrado na figura 10, referem-se a todas as partes dos componentes hidrológicos que estão envolvidos num processo de aquecimento natural. Os componentes incluem a zona de recarga, todas as partes subsuperficiais e o fluxo de saída do sistema. Normalmente, um sistema geotérmico é classificado geotecnicamente em três categorias principais, ou seja

1. Sistemas geotérmicos vulcânicos cuja fonte de calor são intrusões quentes ou câmaras de magma na crosta,

2. Sistemas convectivos com circulação de águas profundas em zonas tectonicamente activas, de preferência com elevado gradiente geotérmico,

3. Sistemas sedimentares com camadas permeáveis a grande profundidade (2-5 km), incluindo sistemas geo-pressurizados frequentemente encontrados em conjunto com recursos petrolíferos.

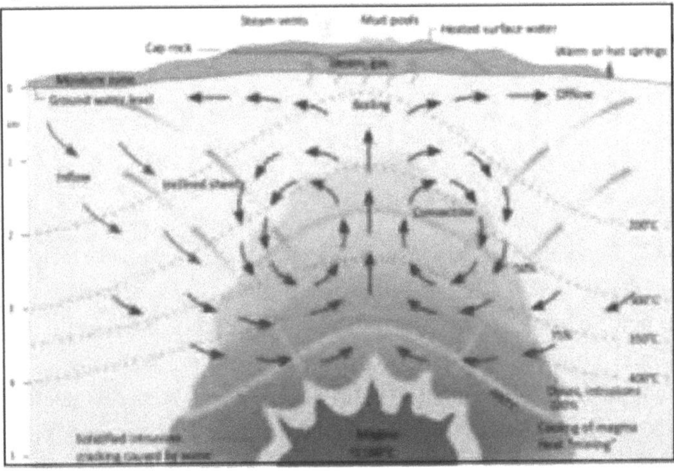

Fig.10: Modelo simplificado de um sistema geotérmico de alta temperatura
[5]

As actividades geotérmicas manifestam-se à superfície do solo sob diferentes formas, que incluem fontes termais, nascentes de vermes ou géisers, jactos de vapor, fumarolas, terrenos quentes e depósitos superficiais de enxofre [4, 5]. As actividades geotérmicas relacionadas com o vulcanismo estão amplamente distribuídas por todo o globo, particularmente ao longo dos limites das placas e dos sistemas de fendas continentais.

A. Vulcânica nos limites das placas

As actividades vulcânicas estão geralmente relacionadas com a tectónica de placas e a deriva continental [7]. De facto, a maioria dos vulcões activos está localizada ao longo do Sistema Circum-Pacífico, também conhecido como "Anel de Fogo" (Fig. 11). As actividades vulcânicas nesses vulcões continuam a alimentar as manifestações geotérmicas, levando ao aproveitamento da energia geotérmica.

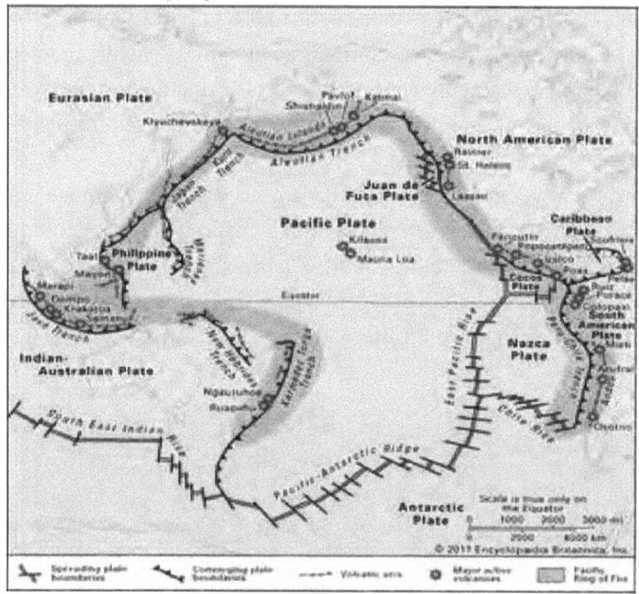

Fig.11: Centros vulcânicos do Sistema Circum-Pacífico e placas tectónicas
limites [7]

Por exemplo, os vulcões activos da Indonésia estendem-se desde Sumatra, Jawa, Bali, Lombok, Flores, Sulawesi do Norte e Halmahera. O arco vulcânico alberga 276 vulcões com 29 GWe de recursos geotérmicos, indicando assim um potencial geotérmico promissor para a região [6, 7, 8]. A subducção da placa oceânica indiano-australiana à placa continental euroasiática, que começou desde o Mioceno tardio até ao presente com alguma escassez, produz actividades magmáticas ao longo do arco Sunda-Banda. Na margem de subducção Sunda-Banda, algumas rochas vulcânicas e magmáticas quaternárias albergam sistemas geotérmicos. O elevado número de localidades geotérmicas situadas em Java Ocidental (Fig. 12) fornece atualmente cerca de 80 % da energia geotérmica, que provém de campos geotérmicos de alta temperatura situados no subsolo.

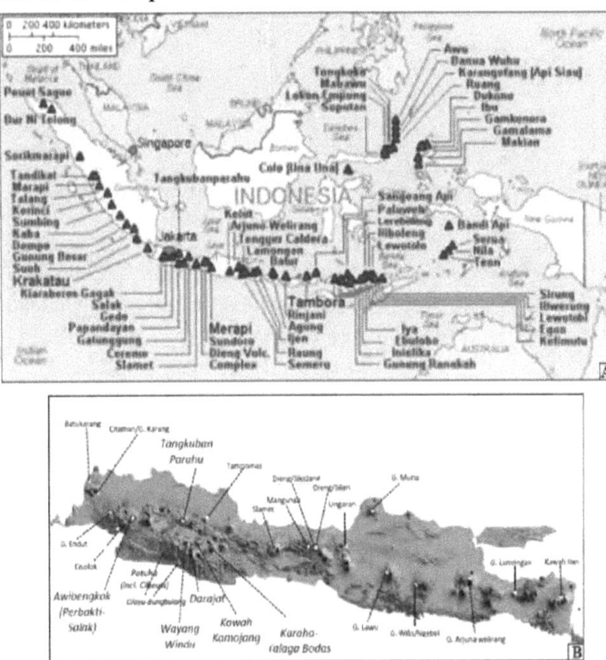

Fig.12: O arco vulcano-magmático ativo na Indonésia (A) e
Vulcânicas que estão associadas a actividades geotérmicas apenas em Java
(B)

B. Associação de Vulcanismo e Geotermia do Vale do Rift

Os vulcões também estão amplamente distribuídos ao longo de sistemas de fendas regionais ao longo dos quais a separação da crosta continental continua a um ritmo lento. Por exemplo, o Grande Vale do Rift, que atravessa o continente africano desde o Norte até à África Central e Oriental, alberga numerosos vulcões. Os vulcões, tanto activos como adormecidos, estão localizados no fundo do vale, bem como nos flancos. Os vulcões activos constituem uma ameaça para as infra-estruturas, a vida e o ambiente, apesar de alimentarem o gradiente geotérmico. Um exemplo típico é o Monte

Nyiragongo (Fig.13). Está localizado a 20 km da cidade de Goma, na República Democrática do Congo, e é um dos 10 vulcões mais perigosos do mundo atualmente. A sua caldeira tem magma em ebulição e entrou em erupção pela última vez em janeiro de 2002, provocando a deslocação de mais de 200 000 pessoas e a destruição de infra-estruturas.

Fig. 13: O Monte Nyiragongo quando ativo (A) e o seu lago de lava quente borbulhante na cratera (B)

O rift Valley da África Oriental tem vários centros vulcânicos localizados no Quénia, como mostra a figura 14. Os centros vulcânicos estão associados a numerosos géiseres, como os que podem ser encontrados na área de Olkaria, no condado de Nakuru, no Lago Bogoria e no Lago Baringo, no condado de Baringo (Figs. 15, 16, 17, 18, 19, 20).

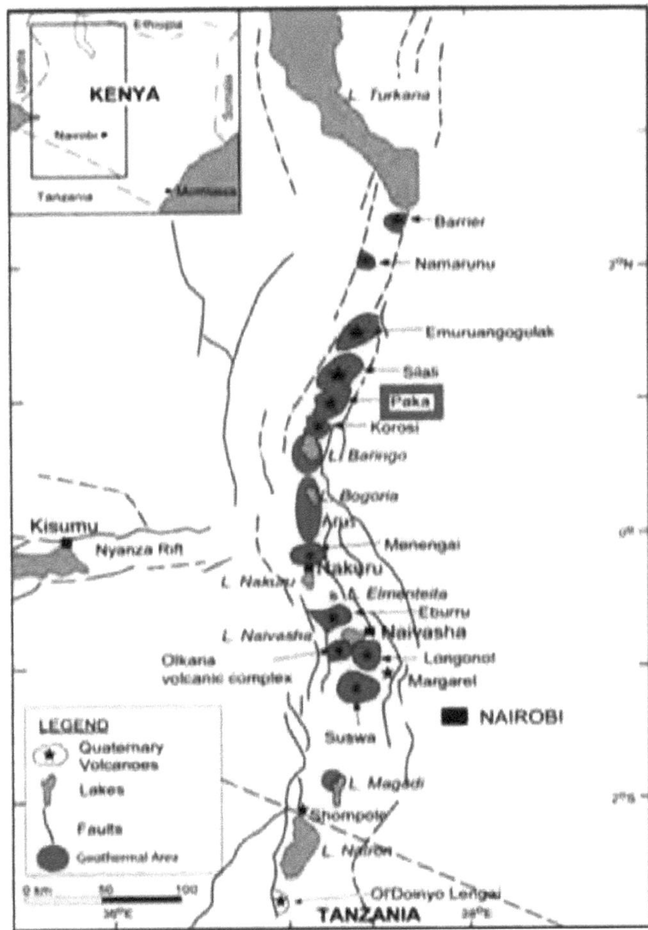

Fig. 14: Campos geotérmicos típicos no fluxo do sistema de fendas do Quénia (Após [5])

Fig. 15: Descarga de vapor da fase de teste do reservatório geotérmico: Perfil vulcânico no fundo do campo de Olkaria, Condado de Nakuru

Fig. 16: Sistema da central geotérmica de Olkaria e géisers

Manifestações geotérmicas no lago Bogoria

O Vale do Rift da África Oriental tem vários centros vulcânicos localizados no Quénia. As manifestações de actividades geotérmicas são generalizadas no fundo do sistema de fendas (Figs. 17A e 18). No entanto, as áreas que se encontram diretamente acima do centro de um corpo magmático aflorante, como a cúpula do Quénia, experimentam actividades magmáticas de maior magnitude. Tais áreas incluem corpos de água no fundo do vale do rift [2, 3]. São abençoadas com fontes termais, fontes quentes ou géiseres como manifestações das actividades geotérmicas. Por exemplo, só o Lago Bogoria tem cerca de 200 fontes termais que descarregam águas de Na-HCO-CO no lago a partir de três grupos principais de fontes localizadas ao longo da costa em Loburu, Chemurkeu e Ng'wasis-Koibobei-Losaramat, respetivamente (Fig. 17B). A figura 17C mostra a situação melhorada do delta do Loburu.

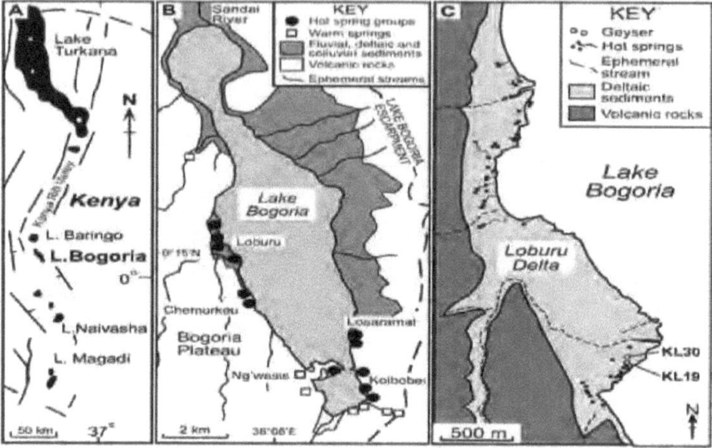

Figura 17: Uma parte das características geotérmicas do Lago Bogoria [4])

O Lago Bogoria, com uma salinidade aproximadamente duas vezes superior à da água do mar, situa-se a norte do equador numa bacia estreita de meio-graben no Vale do Rift central do Quénia. Os géiseres e fumarolas activos típicos do lago são mostrados nas figuras 17 e 18.

Fig. 18: Géiseres activos típicos e fumarolas no Lago Bogoria

Manifestações geotérmicas no Lago Baringo

O Lago Baringo é o segundo maior lago do Grande Vale do Rift, no Quénia, depois do Lago Turkana (Figs. 13 e 17A). O lago cobre uma área de 130 km^2 a uma altitude de 970 m acima do nível do mar. Faz parte da secção espetacular do "half-graben" de Baringo-Bogoria e situa-se entre as escarpas de Elgeyo/Tugên, a oeste, e a escarpa de Laikipia, a leste. O lago tem água doce, embora não tenha saídas óbvias. No entanto, presume-se que a água para o lago esteja a infiltrar-se através dos sedimentos do lago na rocha vulcânica subjacente.

Fig. 19: Vista geral do lago Baringo a partir de um ponto de observação a oeste do lago, com a ilha de Ol Kokwe em segundo plano.

O Lago Baringo tem sete pequenas ilhas. A maior, a ilha Ol Kokwe (Figs. 19 e 20), é um vulcão extinto composto por basaltos e traquitos [2]. A ilha tem várias fontes termais e jactos de vapor na costa nordeste, alguns dos quais têm depósitos de enxofre precipitado. A ilha de Ol Kokwe tem três aldeias, uma escola primária e cerca de 500 habitantes. Os habitantes locais dependem de canoas e barcos para o transporte para o continente.

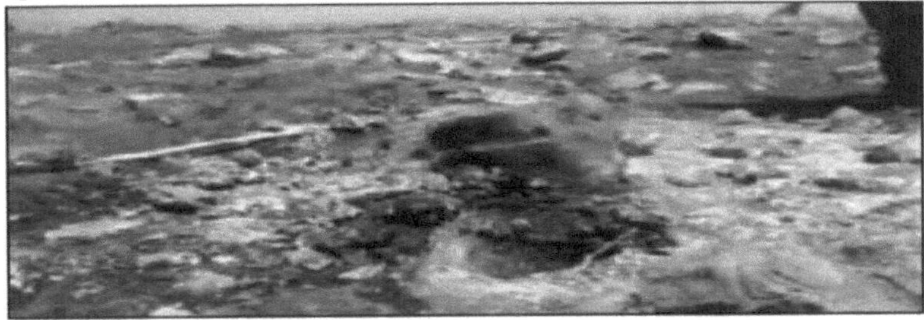

Fig. 20: Uma das nascentes de água borbulhante (fumarolas) na margem nordeste do Ol Kokwe

IV. DISCUSSÃO e CONCLUSÃO

As rochas vulcânicas no Quénia estão amplamente distribuídas ao longo do sistema regional de riftes, a partir do qual a divisão e subsequente separação da crosta continental continua a um ritmo lento devido à deriva continental e ao rifting. O rifteamento é um processo contínuo no sistema do Grande Rift da África Oriental, que atravessa o continente africano desde o Norte até à África Central e Oriental. O sistema de fendas alberga numerosos vulcões, tanto activos como inactivos. Os vulcões estão localizados no fundo do Vale do Rift, bem como nos seus flancos. As actividades geotérmicas, no sistema de fendas, estão ligadas às actividades vulcânicas e manifestam-se à superfície do solo em diferentes características. Estas características incluem fontes termais, fontes quentes ou géiseres, jactos de vapor, fumarolas, terrenos quentes e depósitos superficiais de enxofre.

As manifestações de actividades geotérmicas estão espalhadas pelo chão do Vale do Rift, diretamente acima do centro de um corpo magmático ascendente, como a cúpula do Quénia, que experimenta actividades magmáticas de maior magnitude, reforçando assim a potencial exploração geotérmica, o desenvolvimento e a lógica de aproveitamento. De facto, os recursos geotérmicos tornaram-se um foco para o aproveitamento da energia verde natural e continuarão a rivalizar com os depósitos naturais de petróleo sobre os quais o homem se tem debruçado ao longo dos tempos.

Infelizmente, os vulcões activos, particularmente o Nyiragongo do Zaire, constituem uma ameaça para o ambiente, as infra-estruturas, a vida humana e o ambiente em geral, apesar de alimentarem o gradiente geotérmico [4]. Outra ameaça notável para o ambiente são os gases com efeito de estufa associados às actividades geotérmicas, como o sulfureto de hidrogénio e o dióxido de carbono. Estes gases continuam a ser emitidos para a atmosfera e são cada vez mais preocupantes. Estes gases são predominantes na atividade hidrotermal da Nova Zelândia, localizada na zona vulcânica ativa de Taupo, que se estende da Ilha Branca ao Monte Ruapehu[7]. Além disso, vestígios de metais de base nocivos, como o mercúrio, também estão a ser encontrados em águas geotérmicas de alta entalpia. Este é um cenário documentado para a central geotérmica de Larderello, localizada na zona do Monte Amiata, em Itália. Assim, é necessário adotar medidas de mitigação para salvaguardar a humanidade e outras vidas valiosas [8].

Três categorias de sistemas geotérmicos foram registadas neste documento, estando as duas primeiras ancoradas em ambientes ígneos, enquanto a terceira está ligada a ambientes sedimentares. Os sistemas geotérmicos também foram relacionados com ambientes tectónicos de placas, ou seja, zonas divergentes e de subducção, bem como com sistemas de riftes continentais que continuam a dividir a crosta continental a um ritmo lento. Os centros vulcânicos nestes sistemas de rifting foram considerados lineares, enquanto as actividades magmáticas dos centros vulcânicos foram corretamente mencionadas como a fonte de calor que gera águas de alta entalpia. Subsequentemente, a exploração dos reservatórios geotérmicos continua a centrar-se nas regiões dos vales de riftes. No entanto, uma vez que a presença de fontes termais é uma indicação de processos magmáticos que estão a decorrer a pouca profundidade, então o foco não tem de estar necessariamente apenas nos vales rift. As fontes termais estão também localizadas longe dos vales rift e podem também ser consideradas para a exploração geotérmica. Um exemplo típico são as fontes termais de Dzombo, também conhecidas como fontes 'Maji-Moto', que ocorrem na região costeira do Quénia. As nascentes estão geologicamente localizadas na bacia sedimentar de Duruma. A água quente e salina das nascentes escapa para a superfície através de falhas ocultas que se desenvolveram durante a deformação da bacia no período Permo-Triássico, muito antes do início do Rifting da África Oriental no período Terciário [9]. A perfuração direcional, como ferramenta de exploração, pode ser usada para aceder ao corpo magmático que actuou como fonte do vulcanismo carbonatito para formar a colina de Dzombo que está localizada na vizinhança das fontes termais [4]. O corpo magmático é a fonte de calor que aquece as águas subterrâneas das fontes termais. Verificou-se que as fontes termais têm temperaturas que variam entre 55°C e 70°C, juntamente com solos ligeiramente alterados, com minerais secundários como a calcopirite, a pirite e a calcite [10].

REFERÊNCIAS

[1] Lutgens F. K. & Tarbuck E. J. 2000. Essentials of geology 7th edition. Prentice Hall, Nova Jersey.

[2] Hackman B. D. 1988. Geology of the Baringo - Laikipia area. Relatório n° 104. Serviço Geológico do Quénia.

[3] Http://www.Yahoo.com/- Microsoft Internet Explorer (Lago Bogoria, Lago Baringo e vale de Kerio, Quénia).

[4] Rop, B.K. e Namwiba W.H (2018). Fundamentos de Geologia Aplicada: Abordagem de Competências e Avaliação 697p. Verlag/Publisher: LAP LAMBERT Academic Publishing
ISBN 978-613-9-57896-2.

[5] Saemundsson, K. (2009). Geothermal Systems in Global Perspective, apresentado no Curso Curto IV sobre Exploração de Recursos Geotérmicos, organizado pela UNU-GTP, KenGen e GDC, no Lago Naivasha, Quénia, 1-22 de novembro de 2009.

[6] Nelson, S.A. (2015). Magma and Igneous Rocks: Lecture notes, Tulane University, New Orleans, LA 70118, USA.
http://www.tulane.edu/~sanelson/eens1110/igneous.htm.

[7] Setiawan ,et. al. (2018). Geotérmica e vulcanismo no oeste de Java, *IOP*

Conf. Ser.: Earth Environ. Sci. ISBN: 118 012074.

[8] Bayer, P., Blum,P., Brauchler, R. e Rybach, L.(2019): Revisão dos efeitos ambientais do ciclo de vida da geração de energia geotérmica, *Renewable and Sustainable Energy Reviews, 26* (2013) 446-463, Publ. Elsevier.

Página inicial da revista: www.elsevier.com/locate/rser

[9] Bayer, P., Blum,P., Brauchler, R. e Rybach, L.(2019): Revisão dos efeitos ambientais do ciclo de vida da geração de energia geotérmica, *Renewable and Sustainable Energy Reviews, 26* (2013) 446-463, Publ. Elsevier.

Página inicial da revista: www.elsevier.com/locate/rser

[10] Mulusa,G.I. (2014). *Efeitos da intrusão de água do mar na química das nascentes de água quente: Um estudo comparativo entre as fontes termais de Majimoto na costa sul do Quénia e as fontes termais de Bogoria no Vale do Rift*, tese de mestrado, não publicada.

[11] Kanda, I, Njue, L. e Suwai, J. (2012); Oportunidades geotérmicas para utilização direta de recursos geotérmicos de entalpia média em Mwananyamala

Geothermal Prospect, *Geothermal Development Company -GDC: Actas da 4th African Rift Geothermal Conference,* 2012, Nairobi, Quénia, 21-23 de novembro de 2012, Quénia.

[12] Lautze, N., Thomas, D., Frazer, N., Ito, G., Hinz, N., Faulds, J., e Brady, M. 2015. Análise do Play Fairway do Potencial Geotérmico no Estado do Havai. Conferência Ásia-Pacífico de Superfície Próxima, Waikoloa, Havai, 7-10 de julho de 2015. doi:10.1190/nsapc2015-043.

[13] Hawaiian Electric Company, Inc. 2016b. Factos sobre a energia. Disponível em https://www.hawaiianelectric.com/about-us/power-facts.

[14] Fitton, J . G., e Godard, M. (2004): Origin and evolution of magmas on the Ontong Java Plateau doi:10.1144/GSL.SP.2004.229.01.10 2004; v. 229; p. 151-178 *Geological Society*, London, Special Publications.

[15] Kroenke, L.W., Wessel, P. e Sterling, A. (2004). Movimento do Planalto de Java Ontong no quadro de referência do ponto quente: 122 Ma-presente. Sociedade Geológica, Londres, Publicações Especiais, 229, p. 9-20.

[16] Nelson, S.A.(2015): Rochas ígneas, Tulane University. http://www.tulane.edu/~sanelson/eens1110/igneous.htm.

CAPÍTULO 9

SINOPSE DE FUNDAMENTOS DE GEOLOGIA APLICADA:
Uma abordagem com perspetiva de avaliação

Resumo

O progresso económico de um país depende de uma série de intervenientes fundamentais que incluem recursos naturais e mão de obra bem formada. A prospeção e a exploração dos recursos naturais exigem que a mão de obra formada esteja adequadamente equipada com conhecimentos de engenharia e geociência, reforçados com competências técnicas. De facto, os engenheiros e geocientistas são dotados dos conhecimentos e competências relevantes, permanecendo assim na vanguarda. É neste contexto que o presente documento sinóptico Fundamentos de Geologia Aplicada como Perspetiva de Avaliação requer competências primordiais para a identificação e descrição de minerais comuns formadores de rochas, que constituem apenas uma parte íntima dos processos de formação de rochas, bem como de diferentes tipos estruturais e típicos de rochas. A geologia aplicada engloba também os processos terrestres, geralmente conhecidos como riscos geológicos, em especial os sismos, que afectam negativamente os progressos já alcançados. Um terramoto pode destruir milhares de vidas em poucos minutos. Do mesmo modo, os tsunamis, as inundações, os deslizamentos de terras e a atividade vulcânica podem ter um enorme impacto negativo na civilização. Os geólogos aplicados estudam estes processos e recomendam medidas de mitigação necessárias para minimizar os danos em terrenos geológicos vulneráveis aos riscos geológicos.

Este breve documento também tenta reforçar os conhecimentos essenciais e as competências práticas para o desenvolvimento académico e de infra-estruturas, em conformidade com a Visão 2030 do Quénia. Conhecimentos e ilustrações vitais, tal como desenvolvidos por outros autores de renome, particularmente nas recentes investigações sobre elementos de terras raras (ETRs), como matérias-primas críticas para tecnologias em evolução, tais como aplicações de energia limpa, componentes militares de alta tecnologia e eletrónica, foram também incorporados no documento para fundamentação da exploração em geologia aplicada, bem como na exploração petrolífera.

Introdução

O progresso económico de um país depende de uma série de intervenientes fundamentais que incluem recursos naturais e mão de obra bem formada. A prospeção e a exploração dos recursos naturais exigem que a mão de obra formada esteja adequadamente equipada com conhecimentos de engenharia e geociência, reforçados com competências técnicas. De facto, os engenheiros e geocientistas são dotados dos conhecimentos e competências relevantes, permanecendo assim na vanguarda. É neste contexto que o presente documento sinóptico Fundamentos de Geologia Aplicada como Perspetiva de Avaliação requer competências primordiais para a identificação e descrição de minerais comuns formadores de rochas, que constituem apenas uma parte íntima dos processos de formação de rochas, bem como de diferentes tipos estruturais e típicos de rochas. A geologia aplicada engloba também os processos terrestres, geralmente conhecidos como riscos geológicos, em especial os sismos, que afectam negativamente os progressos já alcançados. Um terramoto pode destruir milhares de vidas em poucos minutos. Do mesmo modo, os tsunamis, as inundações, os deslizamentos de terras e a atividade vulcânica podem ter um enorme impacto negativo na civilização. Os geólogos aplicados estudam estes processos e recomendam medidas de mitigação necessárias para minimizar os danos em terrenos geológicos vulneráveis aos riscos geológicos.

Este breve documento, portanto, também tenta reforçar os conhecimentos essenciais e as competências práticas para o desenvolvimento académico e de infra-estruturas, em conformidade com a Visão 2030 do Quénia. Conhecimentos e ilustrações vitais, tal como desenvolvidos por outros autores de renome, particularmente nas recentes investigações sobre elementos de terras raras (ETRs), como matérias-primas críticas para tecnologias em evolução, tais como aplicações de energia limpa, componentes militares de alta tecnologia e eletrónica, foram também incorporados no documento para fundamentação da exploração em geologia aplicada. Foram fornecidas descrições detalhadas e propriedades de identificação de alguns minerais seleccionados para comparação com os resultados obtidos nos estudos de campo. A comparação servirá de referência para o leitor verificar a exatidão das descrições feitas e, subsequentemente, servirá como um fator de confiança.

Sobre a exploração petrolífera, Rop (2013) afirma que "a exploração petrolífera é um trabalho árduo que envolve a interpretação e a integração de informações geocientíficas provenientes de fontes indirectas. A informação geológica de superfície nas bacias do Rift do Quénia, tanto onshore como offshore, é recolhida principalmente a partir de poços exploratórios, levantamentos geofísicos e registos de poços com fio. É necessária uma interpretação e análise meticulosas dos dados provenientes destas fontes para que as projecções da probabilidade de combinações fonte-reservatório-selo numa área com condições de aprisionamento favoráveis possam levar à identificação de estruturas e locais prospectivos para perfuração de

exploração."
8.1 Geologia aplicada no desenvolvimento de infra-estruturas
A Geologia é o estudo científico do planeta Terra e engloba várias especialidades geológicas que incluem: Geofísica, Geoquímica, Petrologia, Hidrogeologia, Paleontologia, Geologia de Engenharia, Tectónica Global, etc. Os materiais naturais e os processos geológicos são investigados de forma exaustiva no estudo científico com o objetivo de aplicar os princípios fundamentais em empreendimentos que visam melhorar a vida da humanidade. Normalmente, os princípios fundamentais são aplicados em projectos de engenharia. Assim, existem várias considerações que fazem com que a geologia aplicada contribua para a sustentabilidade da civilização moderna, uma vez que os processos geológicos e os recursos naturais são integrados no desenvolvimento de infra-estruturas (Rop e Namwiba, 2018; 2019).

De facto, estes processos têm de ser compreendidos em profundidade para uma aplicação eficaz de determinados aspectos da geologia aplicada. Por exemplo, os movimentos litosféricos, o rifting, a subducção e a interação contínua manto-crosta da geologia aplicada permitiriam compreender melhor a interligação dos processos tectónicos de placas com a génese das rochas ígneas, sedimentares e metamórficas, bem como com os episódios de mineralizações (Fig. 1).

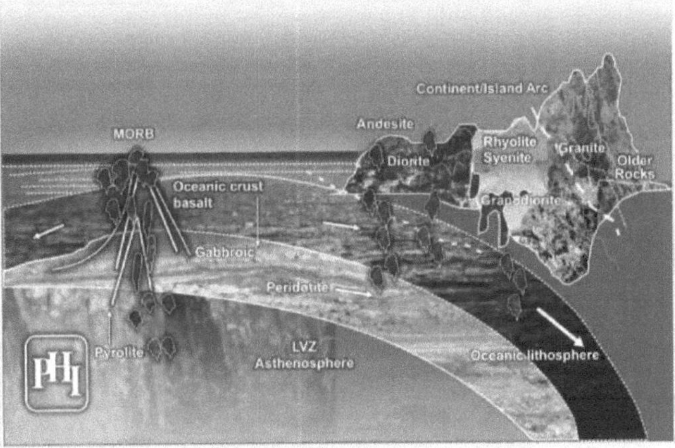

Fig. 1: O sistema terrestre dinâmico (Patwardhan, 1999).

Os geólogos aplicados estudam esses processos e recomendam medidas de mitigação necessárias para minimizar os danos em terrenos geológicos vulneráveis aos riscos geológicos. Por exemplo, ao estudar os padrões de inundação dos rios, é possível delinear bairros residenciais seguros para evitar danos causados por futuros episódios de inundação. Da mesma forma, o conhecimento da ciência sísmica, quando aplicado, também ajuda a minimizar os danos que podem ser causados por terramotos de fortes magnitudes. Neste caso, os locais de geração de tremores de terra (epicentros) são identificados de modo a permitir que os aspectos sísmicos sejam tidos em conta no projeto de estruturas de engenharia que são propostas para construção em regiões sísmicas.

Em geral, a Geologia Aplicada analisa a forma como as questões geológicas afectam a vida dos seres humanos, incluindo os efeitos dos riscos geológicos e os problemas ambientais associados, e as formas de acesso e gestão dos recursos naturais para o desenvolvimento de infra-estruturas (Rop e Namwiba, 2018; 2019). Assim, a importância da geologia aplicada no desenvolvimento de infraestruturas, conforme explicado por Patwardhan (1999), é o papel desempenhado pela tectónica de placas na formação de rochas ígneas, sedimentares e metamórficas, depósitos minerais e também na evolução da vida; os riscos geoambientais de erupções vulcânicas, terramotos, inundações, tsunamis, secas e desertificação; e a crescente adoção de energia solar, hídrica, eólica e nuclear na geração de energia e na gestão de um ambiente limpo.

8.1.1 Problemas típicos de infra-estruturas que requerem geologia aplicada

(a) Estruturas de construção e engenharia civil: São necessários conhecimentos de geologia de engenharia para a conceção e construção de edifícios residenciais, comerciais e industriais e de serviços relacionados com a engenharia civil. Todas as estruturas de construção e de engenharia civil têm de ser implantadas num terreno adequado. Assim, a adequação geológica do solo exige que seja efectuada uma investigação adequada do local para interpretar as condições do solo e identificar potenciais áreas de zonas fracas. Se o terreno for constituído por solo solto, devem ser adoptadas as medidas de construção necessárias. Essas medidas podem envolver técnicas de estabilização do solo que podem envolver a densificação mecânica.

(b) Barragens e obras mineiras: Os projectos de exploração mineira subterrânea e subterrânea requerem uma conceção abrangente com o objetivo de garantir um ambiente de trabalho seguro e estável. Assim, as preocupações abordadas incluem: desenvolvimento de minas e pedreiras, barragens de rejeitos de minas, reabilitação de minas e pedreiras e abertura de túneis em minas. Exemplos típicos de estruturas de barragens que colapsaram no passado são;

(i) Barragens de aterro de terra e canais: Os aterros para barragens de rejeitos e canais são mais vulneráveis ao colapso do que outros tipos de barragens. Assim, a exploração de estruturas de retenção de fluidos envolve riscos que têm de ser identificados, quantificados e atenuados. A construção da barragem de aterro de Bilhar (Figura 1.1 (a) A) e do respetivo canal foi concluída no condado de Bhagalpur, na Índia, no final de 2017. A construção fazia parte do ambicioso projeto do canal Gateshwar Panth, que foi planeado para reter a água do reservatório para irrigação de cerca de 27 603 hectares de terra.

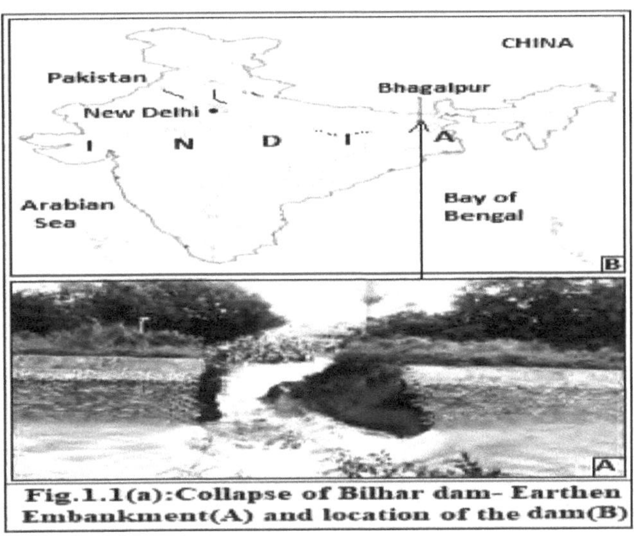

Fig.1.1(a):Collapse of Bilhar dam– Earthen Embankment(A) and location of the dam(B)

Normalmente, as falhas de barragens de terra ou diques podem ser agrupadas em três categorias: hidráulicas, de infiltração e estruturais. As falhas hidráulicas resultantes do fluxo descontrolado de água sobre e adjacente ao aterro são devidas à ação erosiva da água nos taludes do aterro. Normalmente, os aterros ou diques de terra não são concebidos para serem transbordados, mas são susceptíveis a outras formas de enfraquecimento, por exemplo, a erosão. A falha da barragem de Bilhar em 20th de setembro de 2017 foi única na medida em que a causa da falha não foi hidráulica, de infiltração ou estrutural (Rop e Namwiba, 2018; 2019). A parede da barragem colapsou quando a água de uma bomba de água atingiu com força a parede de barragem de terra.

A bomba tinha sido ligada para um ensaio e deveria funcionar durante 24 horas antes da cerimónia de inauguração. Posteriormente, verificou-se que o material utilizado na construção do aterro era de má qualidade, uma vez que não podia suportar a pressão instantânea da água a que tinha sido sujeito. Por outro lado, a bomba tinha funcionado com características elevadas e não controladas, transferindo assim uma energia de fluxo excessiva para a água que colidiu com a parede da barragem, provocando o colapso. Como resultado, um enorme volume de água penetrou na cidade e causou danos ambientais.

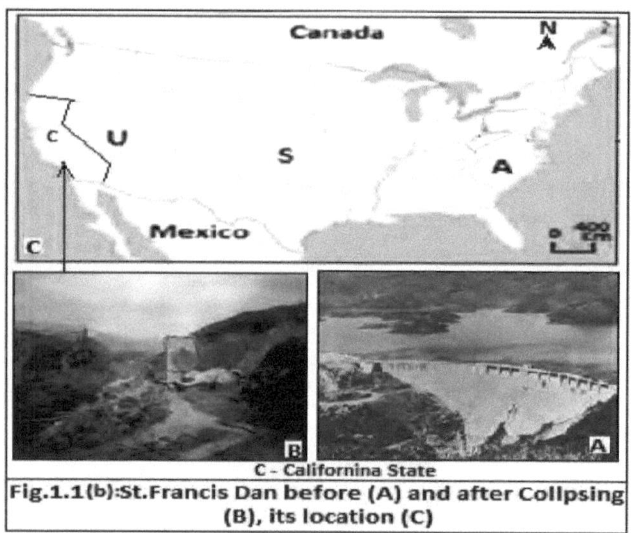

Fig.1.1(b):St.Francis Dan before (A) and after Collpsing (B), its location (C)

(ii) Barragens em arco: Os casos de rutura de barragens continuam a surgir, embora numericamente em declínio. A barragem de St Fraancis, uma barragem em arco, é uma das vítimas e o seu colapso ocorreu no século passado (Rop e Namwiba, 2018; 2019). A barragem foi construída em 1926 no Francisquito Canyon, a cerca de 50 km a noroeste de Los Angeles, no estado da Califórnia (Fig.1.1 (b) C). O objetivo da barragem era reter a água do reservatório para ser transportada pelo aqueduto do rio Los Angeles-Owens. Dois anos mais tarde, em 7th de março de 1928, depois de a albufeira ter ficado cheia devido a fortes chuvas, a barragem começou a mostrar sinais de tensão, uma vez que se começaram a desenvolver várias fissuras de contração na superestrutura da barragem e nos seus pilares. No entanto, após inspeção, as fissuras foram consideradas normais. [th]Em 12 de março de 1929, a parede maciça de betão da barragem desmoronou-se, deixando uma pilar de betão no meio do leito do rio (Fig.1.1 (b) B). Em consequência, milhares de milhões de litros de água desceram o desfiladeiro em direção ao Oceano Pacífico e inundaram as cidades a jusante, com destruição de infra-estruturas e um número de mortos estimado em cerca de 460 pessoas.

(c) Recursos minerais: Os depósitos de minério e os minerais industriais são matérias-primas naturais que estão a ser procuradas. Materiais como o aço para reforço são fabricados a partir de rochas adequadas que são ricas em ferro, como a magnetite e a hematite (Rop e Namwiba, 2018; 2019). No entanto, o petróleo bruto, como um hidrocarboneto, ocorre como um fluido natural preso nas rochas. É necessária a aplicação de técnicas de exploração modernas para poder identificar rochas em terrenos geológicos remotos que contêm esta fonte de energia natural. O petróleo é uma das principais fontes de energia, cujos produtos derivados são numerosos, tanto em termos de número como de aplicação. Os produtos betuminosos utilizados nas obras de construção são derivados deste recurso natural. Infelizmente, os subprodutos são um perigo para o ambiente quando a emissão desses produtos para a atmosfera continua a não ser controlada.

(d) Geomateriais: A crosta terrestre é constituída por diferentes tipos de rochas e depósitos de solo. É a partir destes depósitos que os geomateriais, como as pedras de construção, são seleccionados para a construção de paredes e acabamentos. O cimento, que é também um material crucial nas obras de construção, é fabricado a partir de rochas. As rochas utilizadas no fabrico são normalmente o ferro, o kunkur, a bauxite, o calcário e os xistos, aos quais é adicionado gesso. O cimento actua como um meio de ligação em trabalhos de betonagem, reduzindo assim a taxa de cura do material envolvido. Quando necessário, as areias e os cascalhos são extraídos dos leitos dos cursos de água (Rop e Namwiba, 2018; 2019). Os geo-materiais ocorrem em locais adequados que são identificados a partir de mapas geológicos e geralmente fazem parte de relatórios geológicos.

(e) Reabilitação de zonas húmidas: As zonas húmidas são normalmente zonas de planície, como pântanos ou charcos. Estas zonas estão saturadas de humidade e são consideradas como o habitat natural da vida selvagem. A maioria das zonas húmidas está ameaçada devido à atitude negativa do homem em relação à sua proteção. Estas regiões húmidas precisam de ser reabilitadas para a sobrevivência contínua dos ecossistemas. Além disso, os aspectos hidrogeológicos destas zonas podem ser aplicados na conceção das medidas de reabilitação propostas.

(f) Mitigação de riscos geológicos: Um geólogo aplicado deve ser capaz de identificar potenciais riscos naturais e de origem humana. Os riscos têm um efeito negativo nas estruturas construídas e na civilização humana. Uma formação em geologia aplicada proporciona ao geólogo aplicado uma compreensão do funcionamento da terra (Rop e Namwiba, 2018; 2019). Por exemplo, os aspetos da degradação de taludes podem ser incorporados na fase de conceção, através da qual os cortes de taludes e as medidas de apoio podem ser mitigados de modo a garantir a estabilidade (Rop, 2011). A Figura

1.2 mostra casos típicos de falha de taludes sem suporte.

Fig.1.2: Manifestação típica de geodesias

As falhas foram desencadeadas por fortes terramotos, manifestando assim os impactos negativos causados pelas geodesias. A imagem 'A' mostra uma queda de detritos que bloqueia uma autoestrada, enquanto a imagem 'B' mostra o deslizamento de terras de Laguna Beach em 2005, Bluebird Canyon, Califórnia.

Os riscos geológicos típicos e outras condições adversas que devem ser avaliados e atenuados por um geólogo aplicado de modo a facilitar os projectos de engenharia incluem

a. rutura de falhas sismicamente activas;

b. tremores de terra, liquefação, propagação lateral, tsunami e outros eventos associados a riscos sísmicos e sismos;

c. riscos de deslizamento de terras, de escoamento de <u>lama, de </u>queda de rochas, de fluxos de detritos e de <u>avalanches</u>; e

d. erupções vulcânicas, fontes termais, fluxos piroclásticos, fluxos de detritos, avalanches de detritos, emissões de gases, terramotos vulcânicos perigosos

8.1.2 Técnicas de investigação e de elaboração de relatórios

As técnicas da geologia aplicada para a investigação de projectos de infra-estruturas são;

a. Revisão da literatura geológica, mapas geológicos, relatórios geotécnicos, planos de engenharia, relatórios ambientais, fotografias aéreas, dados de deteção remota, dados do Sistema de Posicionamento Global (GPS), mapas topográficos e imagens de satélite,

b. Cartografia geológica de campo de estruturas geológicas, formações geológicas, unidades de solo e riscos geológicos,

c. Escavação, amostragem e registo de materiais terrosos/rochosos em sondagens, poços e trincheiras de ensaio com retroescavadoras, valas de falha e poços de bulldozer,

d. Levantamentos geofísicos, tais como sísmica de refração, levantamentos de resistividade, levantamentos de radar de penetração no solo (GPR), levantamentos magnetométricos, levantamentos electromagnéticos, perfis de sub-fundo de alta resolução, etc,

e. A monitorização da deformação é a medição e o acompanhamento sistemáticos da alteração da forma ou das dimensões de um objeto em resultado da aplicação de tensões a esse objeto, manualmente ou com um sistema automático de monitorização da deformação, etc.

O trabalho de campo, uma vez efectuado, culmina com a análise dos dados e a preparação do seguinte tipo de relatórios: relatório geológico aplicado, relatório geotécnico, relatório de risco de falha ou de risco sísmico, relatório geofísico, relatório de recursos hídricos subterrâneos, relatório hidrogeológico, etc. (Rop e Namwiba, 2019). Os geólogos de engenharia também fornecem dados geológicos sobre mapas topográficos, fotografias aéreas, mapas geológicos, mapas do Sistema de Informação Geográfica (SIG) ou outros mapas pertinentes que possam ter sido utilizados.

8.1.3 Ciclo da rocha

O sistema dinâmico da Terra é um planeta ativo que continua a ser moldado por vários processos geológicos que ocorrem na terra, no mar e no subsolo. Os processos em terra envolvem principalmente a meteorização, o transporte do material meteorizado e a subsequente deposição nos mares e oceanos (Figs. 1.3 e 1.3 b). Os materiais depositados sofrem alterações metamórficas ao longo do tempo geológico. Tanto os materiais sedimentares como os metamórficos são sujeitos a processos de fusão a grandes profundidades, gerando assim material magmático. O material gerado resulta na formação de rochas ígneas (Rop e Namwiba, 2018; 2019). Por fim, todas as rochas são submetidas a processos sedimentares de meteorização, erosão, transporte e deposição para formar o ciclo geral dos processos geológicos.

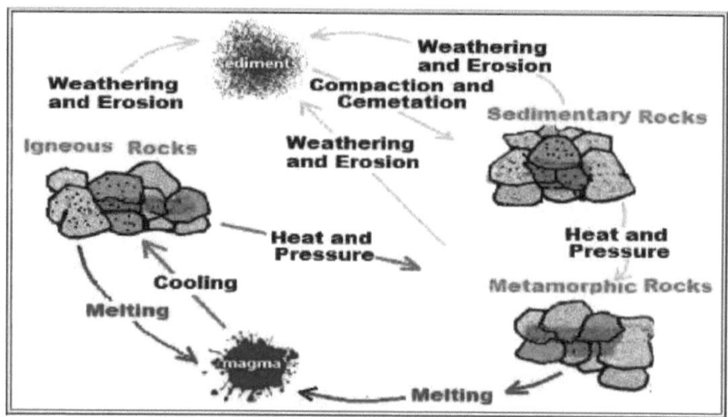

Figa ,3: Ciclo geral dos processos geológicos

Em geral, as rochas sedimentares derivam de outras rochas pré-existentes quando essas rochas são expostas a processos terrestres externos de meteorização, erosão, deposição e diagénese (ver ciclo geral na Figura 1.3 (b). Os tipos típicos de rochas formadas incluem: arenito, calcário, xistos, gesso, etc. A erosão contribui para a meteorização através da remoção de material solto, expondo assim a massa rochosa fresca a novos processos de meteorização. O material removido é transportado por agentes como a água corrente, o gelo em movimento (glaciares), o vento e a gravidade. Enquanto que a água corrente provoca a erosão nos cursos de água, o vento assegura o transporte de sedimentos finos nas regiões desérticas e semi-áridas.

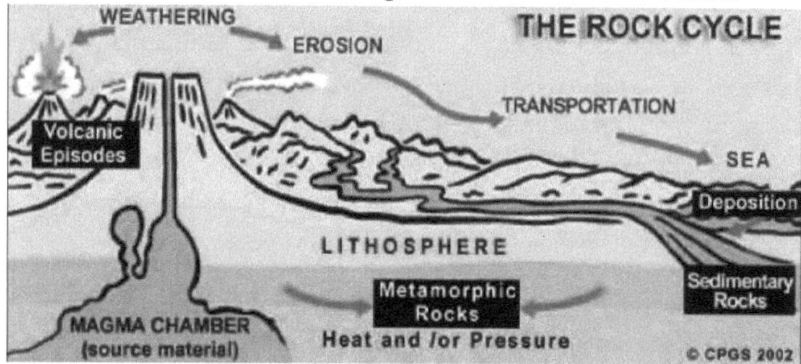

Fig. 1.3 (b): Actores do ciclo da rocha

Durante milhares, ou mesmo milhões de anos, pequenos pedaços da nossa terra foram erodidos, ou seja, quebrados e transportados pelo vento e pela água. Estes pequenos pedaços são arrastados para jusante, onde se depositam no fundo dos rios, lagos e oceanos. Camada após camada de terra erodida é depositada em cima de cada uma delas. Estas camadas são pressionadas cada vez mais ao longo do tempo, até que as camadas inferiores se transformam lentamente em rocha.

8.1.4 Estrutura da Terra

O planeta Terra é constituído por camadas esféricas semelhantes à configuração em camadas de uma cebola. Assim, a Terra tem uma crosta externa sólida de silicato, um manto altamente viscoso, um núcleo externo líquido, muito menos viscoso que o manto, e um núcleo interno sólido. A compreensão científica da estrutura interna da Terra baseia-se em observações da topografia e batimetria, observações de afloramentos rochosos, amostras trazidas à superfície de grandes profundidades pela atividade vulcânica, análise das ondas sísmicas que atravessam a Terra, medições do campo gravitacional da Terra e experiências com sólidos cristalinos a pressões e temperaturas características do interior profundo da Terra.

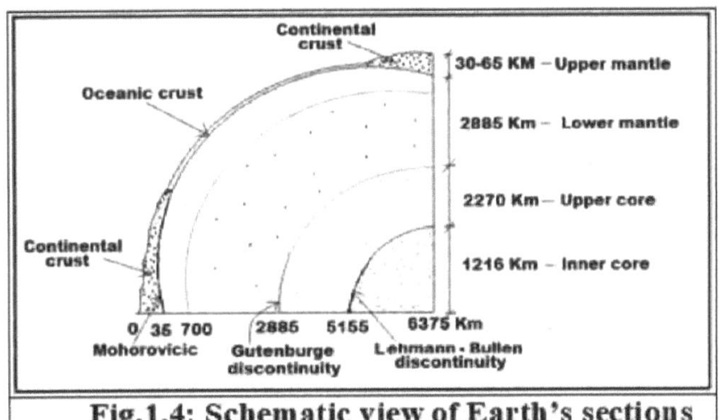

Fig.1.4: Schematic view of Earth's sections

A estrutura da Terra pode ser dividida em litosfera, astenosfera, manto mesosférico, núcleo externo e núcleo interno com base na profundidade, como mostra a figura 1.4 acima (Rop e Namwiba, 2018; 2019). A estratificação da Terra foi inferida indiretamente utilizando o tempo de viagem das ondas sísmicas refractadas e reflectidas criadas por terramotos. O núcleo não permite que as ondas de cisalhamento passem através dele, enquanto a velocidade de viagem (velocidade sísmica) é diferente noutras camadas. As alterações na velocidade sísmica entre as diferentes camadas causam refração de acordo com a lei de Snell, como a curvatura da luz ao passar por um prisma. Do mesmo modo, as reflexões são causadas por um grande aumento da velocidade sísmica, semelhante à reflexão da luz num espelho.

8.1.4.1 Núcleo

A densidade média da Terra é de 5.515 kg/m^3 . Uma vez que a densidade média dos materiais à superfície é apenas de cerca de 3.000 kg/m^3 , temos de concluir que existem materiais mais densos no núcleo da Terra. O estudo da sismologia fornece mais provas da elevada densidade do núcleo. As medições sísmicas mostram que o núcleo está dividido em duas partes: um núcleo interno sólido com um raio de cerca de 1 220 km e um núcleo externo líquido que se estende para além dele até um raio de cerca de 3 400 km. Pensa-se geralmente que o núcleo interno sólido é composto principalmente por ferro e algum níquel. Nas fases iniciais da formação da Terra, há cerca de 4,5 mil milhões ($4,5x10^9$) de anos, a fusão teria feito com que as substâncias mais densas se afundassem em direção ao centro, num processo chamado diferenciação planetária, enquanto os materiais menos densos teriam migrado para a crosta.

Assim, pensa-se que o núcleo é maioritariamente composto por ferro (80%), juntamente com níquel e um ou mais elementos leves. Outros elementos densos, como o chumbo e o urânio, tendem a ligar-se a elementos mais leves, permanecendo assim na crosta. O núcleo externo líquido rodeia o núcleo interno e acredita-se que seja composto por ferro, níquel e vestígios de elementos mais leves. O núcleo interno sólido actua para estabilizar o campo magnético gerado pelo núcleo externo líquido.

8.1.4.2 Manto

O manto terrestre estende-se a uma profundidade de 2.890 km, o que faz dele a camada mais espessa da Terra. A pressão, no fundo do manto, é de cerca de 140 GPa. O manto é composto por rochas silicatadas que são ricas em ferro e magnésio em relação à crosta. As altas temperaturas no interior do manto fazem com que o material silicatado seja suficientemente dúctil, gerando um estado líquido.

8.1.4.3 Crosta

A crosta varia entre 5-70 km de profundidade e é a camada mais externa. A crosta oceânica é fina, ou seja, tem uma espessura de 5-10 km e está subjacente às bacias oceânicas. É composta por rochas ígneas densas de ferro máfico e silicato de magnésio, como o basalto. A crosta continental, mais espessa, é menos densa e composta por rochas félsicas de silicato de sódio, potássio e alumínio, nomeadamente granito. O manto superior, juntamente com a crosta, constitui a litosfera. A fronteira entre a crosta e o manto ocorre como dois acontecimentos fisicamente diferentes. Em primeiro lugar, há uma descontinuidade na velocidade sísmica, que é conhecida como descontinuidade de Mohorovicic ou Moho. Pensa-se que a localização da descontinuidade se deve a uma redução do teor de álcalis na composição das rochas. Há também uma segunda descontinuidade que ocorre na crosta oceânica. Trata-se de uma descontinuidade química entre cumulados ultramáficos e harzburgitos tectonizados que foram preservados como sequências de ofiolitos em algumas zonas de cisalhamento antigas do continente.

8.4.4 Placas tectónicas

As placas continentais e oceânicas, enquanto secções crustais, interagem nas margens das placas de dois tipos, conhecidas como elevações ou cristas médio-oceânicas e trincheiras marítimas profundas que formam zonas de subducção. A nova crosta oceânica é gerada nas elevações oceânicas, enquanto as trincheiras marinhas profundas testemunham a geração de regimes magmáticos (Figura 1.5 (a)). O magma gerado contribui para o movimento das placas, levando ao conceito de deriva continental, e participa no vulcanismo. Pensa-se que os fluidos de alta temperatura associados às actividades magmáticas ao longo destas margens de placas contribuem para a mineralização das rochas continentais. A interação das placas à deriva ao longo das fronteiras, em particular as falhas de transformação, resulta em tremores de terra, alguns dos quais se transformam em geodesias.

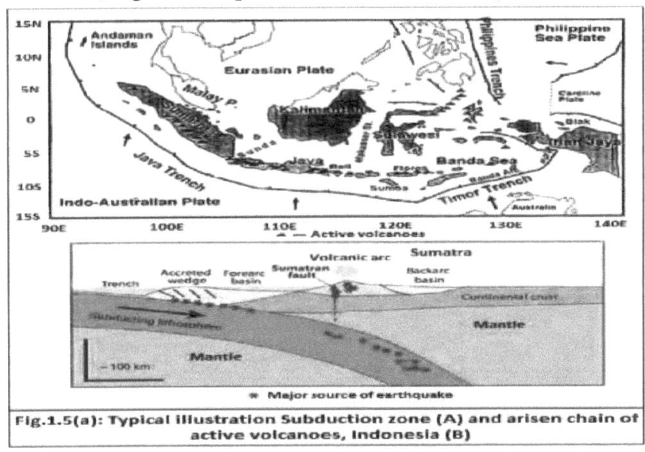

Do mesmo modo, as erupções vulcânicas estão também associadas a terramotos. As actuais margens das placas surgiram quando a Gondwanalândia e a Laurásia, que formavam um supercontinente conhecido como Pangeia (Figura 1.5), se separaram através de processos de deriva continental e de propagação do fundo do mar. A separação ocorreu em meados da Era Mesozóica. O Gondwana incluía a maior parte das massas de terra que formam o atual Hemisfério Sul, ou seja, a Antárctida, a América do Sul, a África, Madagáscar, o continente australiano, a Península Arábica e o subcontinente indiano, que agora se deslocaram inteiramente para o Hemisfério Norte. As secções da crosta dos continentes de Gondwana, antes da deriva, tinham as mesmas condições climáticas. Assim, a família Proteaceae de plantas conhecidas apenas do sul da América do Sul, África do Sul e Austrália, é considerada como tendo uma "distribuição Gondwanan", confirmando a união das crostas no passado geológico e uma manifestação do conceito de deriva.

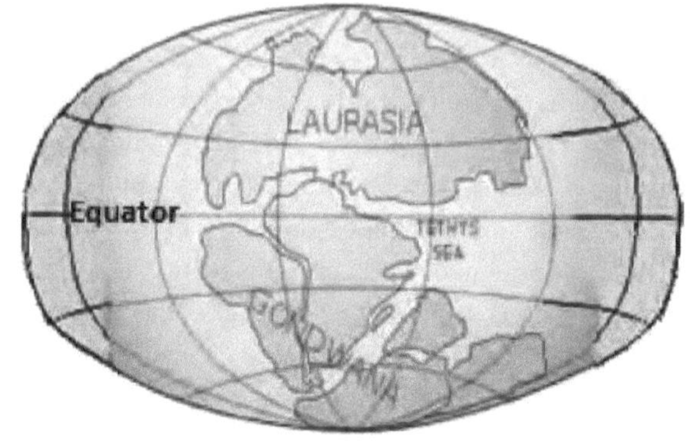

Fig.1.5 Pangea 200 million year ago (Triassic)

8.2 Geologia Aplicada na Exploração

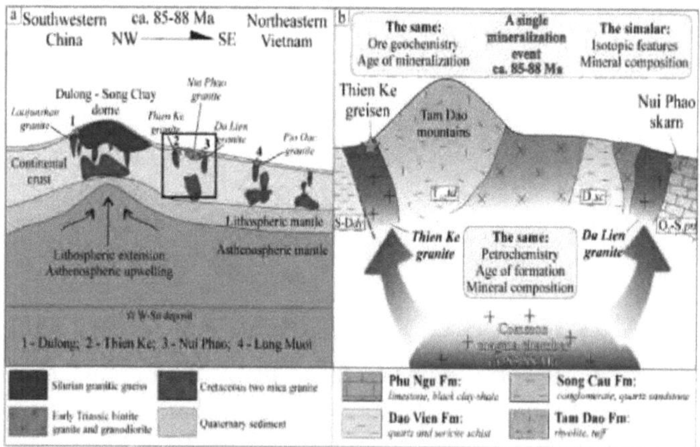

Fig. 2.1(a): Génese do depósito de volfrâmio de Thien Ke, Nordeste do Vietname (Nevolko et.al., 2022).

A compreensão da aplicação da geologia na génese e nas características dos depósitos de minério é importante na exploração e na extração mineira (Fig. 2.1 (a))

8.2.1 Elementos de terras raras

Nos últimos anos, contudo, geólogos aplicados e painéis de peritos convocados por institutos de investigação e agências governamentais destacaram elementos específicos de terras raras (ETR) como matérias-primas críticas para tecnologias em evolução (Fig. 2.1 (b)); tais como aplicações de energia limpa, componentes militares de alta tecnologia e eletrónica (Long et al., 2010). Estes relatórios sugeriam que as REES eram de grande importância tecnológica e económica. Subsequentemente, as REES estavam expostas a um risco potencial elevado de interrupção dos fornecimentos se não fossem intensificados os esforços na procura de novas reservas. Em resposta a este cenário, as explorações mundiais de depósitos económicos de REE e os esforços para os colocar em produção aumentaram substancialmente.

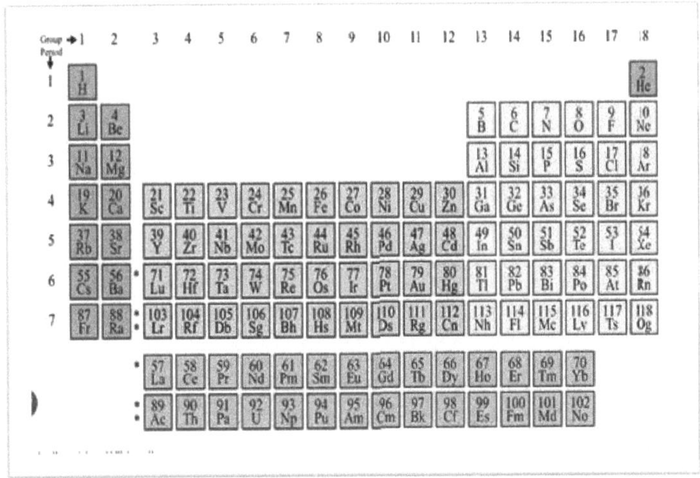

Fig. 2.1 (b): Tabela periódica dos REE **(linhas marcadas com *)**

Assim, desde 2000, mais de 400 projectos de terras raras estavam em curso durante 2012, incluindo muitos projectos em fases avançadas de exploração, sendo as concentrações de REE baseadas em perfurações detalhadas. Assim, os recursos mundiais conhecidos (dotação) de REE são susceptíveis de aumentar com o tempo. Atualmente, a Global

Os recursos de REE estão estimados em 110 milhões de toneladas métricas de óxido de terras raras (Rop, Wangari e Namwiba, 2022). Ocorrem principalmente, por ordem decrescente, na China, Rússia, Estados Unidos, Índia e Austrália.

Um aspeto importante no desenvolvimento de uma propriedade para extração de REE é o custo e a complexidade do processamento dos minérios de REE

(Rop, Wangari e Namwiba, 2022). A recuperação de REE pode ser complexa porque estes ocorrem em minerais como um grupo de elementos semelhantes e, em muitos depósitos, os REE estão alojados em mais do que um mineral. Não só os minerais ricos em REE têm de ser concentrados, como os próprios elementos têm de ser separados uns dos outros e dos seus óxidos, como o óxido de lantânio. Por conseguinte, o desenvolvimento de minas de REE implica custos elevados, incluindo a extração de REE e o custo das instalações de extração.

Abundância e utilizações dos REE

Os elementos de terras raras são utilizados nos componentes de muitos dispositivos utilizados diariamente na sociedade moderna atual (Fig. 2.2). Exemplos típicos incluem;

* Ecrãs de telemóveis inteligentes, computadores e televisores de ecrã plano,
* Motores de unidades informáticas,
* Baterias de automóveis híbridos e eléctricos,
* Lâmpadas de nova geração,
* Catalisadores à base de lantânio utilizados na refinação de petróleo e..;
* Grandes turbinas eólicas que utilizam geradores que dependem de fortes ímanes permanentes compostos por neodímio-ferro-boro.

Fig. 2.2: Ecrãs de telemóveis, computadores portáteis e televisores em (A), lâmpadas (B) e turbinas eólicas em (C) (Adotado de USGS, 2014).

8.3 Manifestação de actividades hidrotermais

8.3.1 Carbonatitos do Rift de Nyanza

Os carbonatitos do Rift de Nyanza, localizados num Graben, estão mais próximos da sua fonte magmática (Onuonga, 2000). Subsequentemente, o calor que emana da câmara magmática continua a contribuir para as actividades actuais, tal como manifestado pelas fontes termais perenes encontradas na Montanha Homa (Rop, Wangari e Namwiba, 2022) em Homa Hills (Figs. 2.3 (a) e (b));

(a) Uma exploração de reconhecimento do potencial geotérmico foi efectuada pela Geothermal Development Company (GDC). A exploração envolveu a utilização de técnicas geofísicas de Magnetotellurics e Transient electromagnetics numa tentativa de localizar a fonte de calor e estabelecer o papel das estruturas no controlo da dinâmica dos fluidos. Os resultados obtidos mostraram que os diques pouco profundos estavam a contribuir para uma elevada densidade do ambiente geotérmico. Os diques estão localizados na parte norte e na parte sul da colina. Por exemplo, alguns dos diques estão localizados perto da fonte termal de Kakdhimu, que tem a temperatura mais elevada (Odek, 2012).

Fig. 2.3 (a): Montanha Homa em segundo plano em (A) e uma fonte termal inserida (B) (Adotado de Odek, 2012)

(b) Considerou-se que os diques tinham uma ligação direta com as fontes termais que poderiam também, durante o seu episódio de intrusão, ter contribuído para a distribuição e subsequente concentração de REE em diferentes zonas da colina de carbonatite, como foi o caso da colina de Buru. Um papel semelhante à distribuição de REEs (McCall, 1958; Onuonga, 2000); Mariano, 1989 (a), b)) poderia ter sido aplicado às fontes termais localizadas na parte norte da Montanha Homa, ou seja, a fonte quente de Abundu (Inset na figura 2.3-A acima) e a fonte quente de Oyande. A Figura 2.3 (b) mostra algumas fontes termais interessantes (fumeroles) no Japão, onde os campos geotérmicos estão a ser explorados para a produção de eletricidade na área vulcânica de Kuju.

Fig. 2.3 (b): Área vulcânica de Kuju, no sudoeste do Japão, com manifestações geotérmicas (fontes termais ou fumeroles) ao fundo.

8.3.2 Carbonatitos de Murima Hill

Existem fontes termais nos arredores da colina de Murima, as fontes termais de Dzombo, popularmente conhecidas como "fontes termais de Maji-moto" (Ondieki, 2020), localizadas a norte (Fig. 2.4).

Fig. 2.4: Montanha Homa em segundo plano em (A) e uma fonte termal no interior (B) (Adotado de Shreyasaha, 2018)

Posteriormente;

(a) Estudos efectuados por (Tole, 1992) mostraram que os diques de Monchiquite da colina estavam associados a duas das três fontes termais na área e tinham uma temperatura máxima de descarga superficial de 56-76°C (Tole, 2003). Da mesma forma;

(b) Vários investigadores, incluindo Mulusa (2014), realizaram análises químicas da fonte termal para caraterizar a água quente e contrastar com as águas geotérmicas do rift do Quénia no lago Bogoria,

(c) A presença das nascentes termais é também uma manifestação da superficialidade dos corpos magmáticos que formam o complexo ígneo alcalino de Jombo e seus associados, inclusive Mrima (Rop e Namwiba, 2018; 2019). Acredita-se que a contribuição dos fluidos hidrotermais na distribuição mineral nos carbonatitos de Buru, numa direção ascendente, poderia também ter-se aplicado ao complexo ígneo de Jombo e seus associados. No entanto, a infiltração de água do oceano nas nascentes de majimoto, localizadas nas imediações da colina de mrima, sugere uma diminuição das actividades hidrotermais associadas. As análises efectuadas por Mulusa (2014) mostraram que 3% da água do mar estava a chegar às nascentes de Majimoto. Além disso, o modelo ternário Na-K-Mg utilizado indicou que a química original das nascentes de Majimoto estava relacionada com a água do mar. Da mesma forma, os cálculos de temperatura geotermométrica mostraram uma diferença de temperatura de 5°C entre a água original e a água recalculada da fonte termal de Majimoto.

8.4 Geologia Aplicada na Identificação e Descrição de Minerais e Rochas

A identificação e descrição de minerais e rochas começa com a consideração de cenários de campo seguidos de amostras de mão, de preferência em condições laboratoriais após excursões de campo. Também foram dadas ilustrações seleccionadas para as ocorrências no terreno para que os alunos visualizem realidades de campo que também existem noutros locais, de modo a ajudar os alunos a compreender a perspetiva da geologia aplicada, como se mostra nas figuras ilustrativas 3.1.1(a-c) nas páginas seguintes (Rop, Wangari e Namwiba, 2022; Rop, Seroni e Krop, 2020).

Um manual de laboratório para a identificação e descrição de minerais e rochas tem como objetivo dotar os alunos da capacidade de realizar as seguintes competências específicas:

• Demonstrar uma compreensão da prática laboratorial padrão para identificação e descrição efectuada em espécimes de mão de minerais e rochas típicos,

• Ilustrar, sob a forma de esboços etiquetados, amostras típicas de minerais e rochas para representar características físicas que sejam adequadas para identificar e distinguir os minerais ou rochas em causa,

• Avaliar a qualidade de minerais e rochas com base nas características físicas determinadas em condições laboratoriais normalizadas,

• Utilizar os resultados laboratoriais para recomendar estudos adicionais para minerais ou amostras de rocha já examinadas para investigações adicionais ou confirmação no terreno numa data posterior.

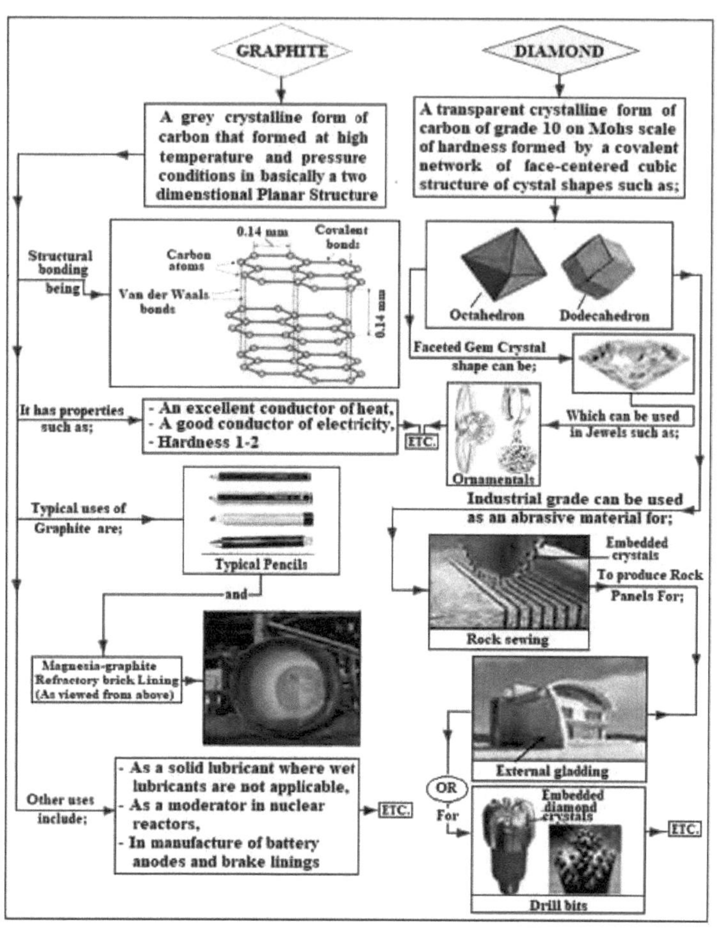

GRAPHITE
DIAMOND
A grey crystalline form of carbon that formed at high temperature and pressure conditions in basically a two dimenstional Planar Structure
A transparent crystalline form of carbon of grade 10 on Mohs scale of hardness formed by a covalent network of face-centered cubic structure of cystal shapes such as;
Structural bonding being
0.14 mm
Covalent bonds
Carbon atoms
Van der Waals bonds
0.14 mm
Octahedron
Dodecahedron
Faceted Gem Crystal shape can be;
It has properties such as;
- An excellent conductor of heat,
- A good conductor of electricity,
- Hardness 1-2
ETC.
Which can be used in Jewels such as;
Ornamentals
Industrial grade can be used as an abrasive material for;
Typical uses of Graphite are;
Typical Pencils
and
Embedded crystals
To produce Rock Panels For;
Rock sewing
Magnesia-graphite Refractory brick Lining (As viewed from above)
External gladding
- As a solid lubricant where wet lubricants are not applicable,
- As a moderator in nuclear reactors,
- In manufacture of battery anodes and brake linings
Other uses include;
ETC.
OR
For
Embedded diamond crystals
ETC.
Drill bits

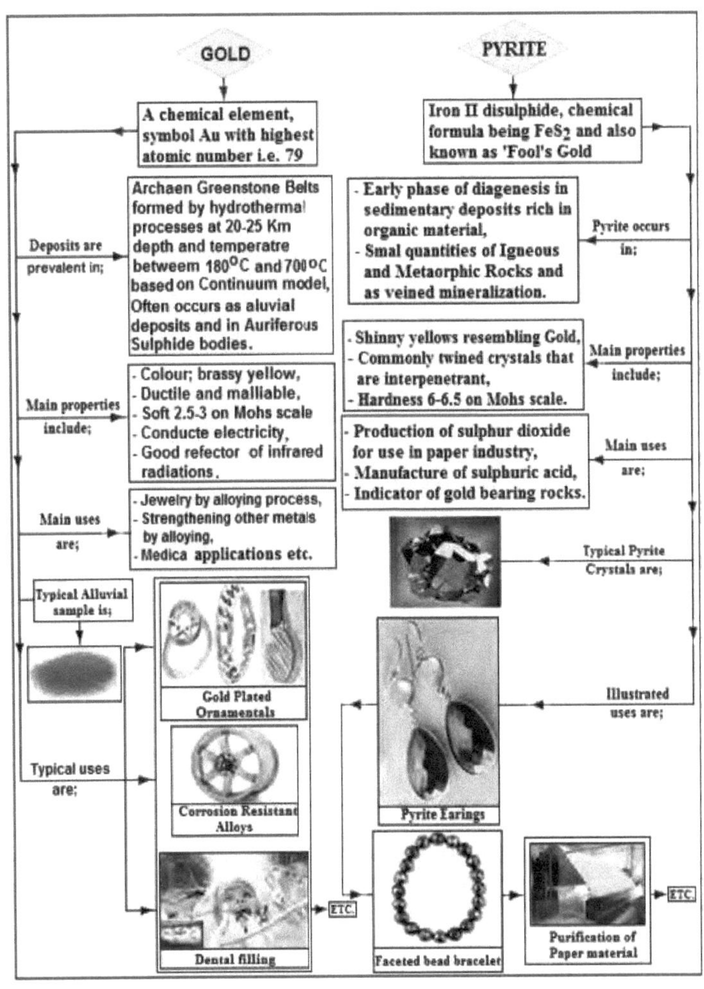

GOLD
PYRITE
A chemical element, symbol Au with highest atomic number i.e. 79
Iron II disulphide, chemical formula being FeS2 and also known as 'Fool's Gold
Deposits are prevalent in;
Archaen Greenstone Belts formed by hydrothermal processes at 20-25 Km depth and temperatre betweem 180°C and 700°C based on Continuum model, Often occurs as aluvial deposits and in Auriferous Sulphide bodies.
- Early phase of diagenesis in sedimentary deposits rich in organic material,
- Smal quantities of Igneous and Metaorphic Rocks and as veined mineralization.
Pyrite occurs in;
Main properties include;
- Colour; brassy yellow,
- Ductile and malliable,
- Soft 2.5-3 on Mohs scale
- Conducte electricity,
- Good refector of infrared radiations.
- Shinny yellows resembling Gold,
- Commonly twined crystals that are interpenetrant,
- Hardness 6-6.5 on Mohs scale.
Main properties include;
Main uses are;
- Jewelry by alloying process,
- Strengthening other metals by alloying,
- Medica applications etc.
- Production of sulphur dioxide for use in paper industry,
- Manufacture of sulphuric acid,
- Indicator of gold bearing rocks.
Main uses are;
Typical Alluvial sample is;
Typical uses are;
Typical Pyrite Crystals are;
Illustrated uses are;
Gold Plated Ornamentals
Corrosion Resistant Alloys
Dental filling
ETC.
Pyrite Earings
Faceted bead bracelet
Purification of Paper material
ETC.

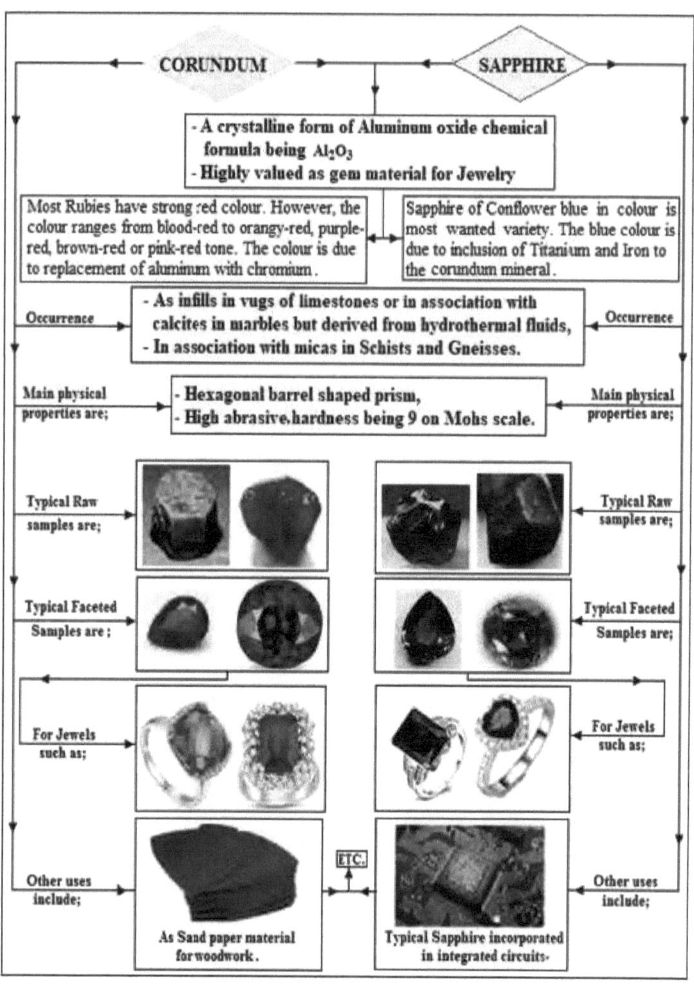

CORUNDUM

SAPPHIRE

- A crystalline form of Aluminum oxide chemical formula being Al_2O_3
- Highly valued as gem material for Jewelry

Most Rubies have strong red colour. However, the colour ranges from blood-red to orangy-red, purple-red, brown-red or pink-red tone. The colour is due to replacement of aluminum with chromium.

Sapphire of Conflower blue in colour is most wanted variety. The blue colour is due to inclusion of Titanium and Iron to the corundum mineral.

Occurrence

Occurrence

- As infills in vugs of limestones or in association with calcites in marbles but derived from hydrothermal fluids,
- In association with micas in Schists and Gneisses.

Main physical properties are;

Main physical properties are;

- Hexagonal barrel shaped prism,
- High abrasive hardness being 9 on Mohs scale.

Typical Raw samples are;

Typical Raw samples are;

Typical Faceted Samples are;

Typical Faceted Samples are;

For Jewels such as;

For Jewels such as;

Other uses include;

ETC.

Other uses include;

As Sand paper material for woodwork.

Typical Sapphire incorporated in integrated circuits.

172

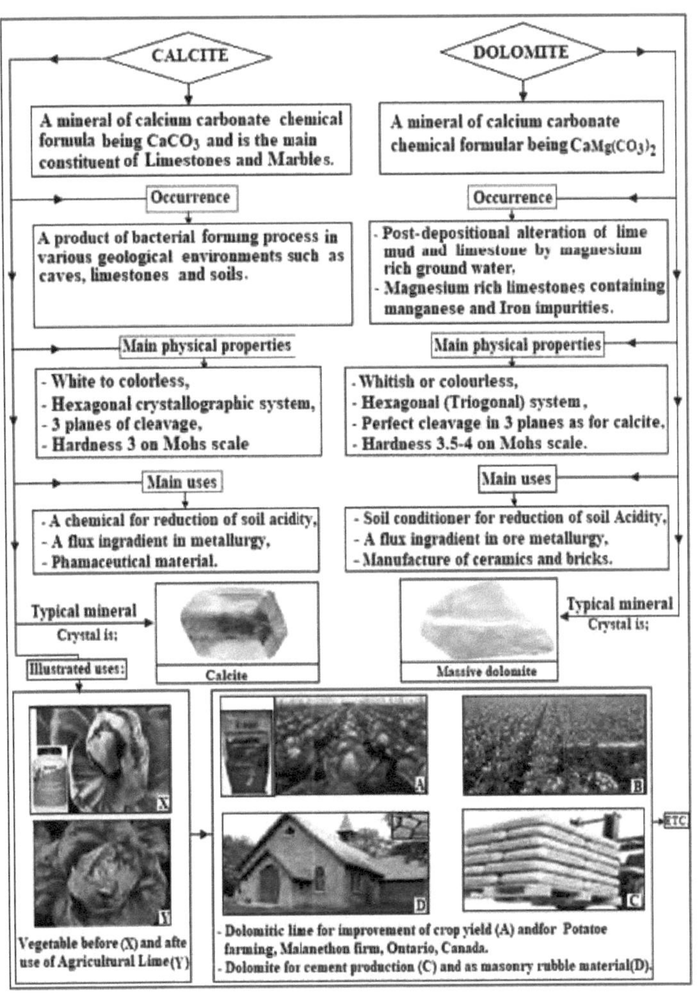

CALCITE
DOLOMITE
A mineral of calcium carbonate chemical formula being CaCO3 and is the main constituent of Limestones and Marbles.
A mineral of calcium carbonate chemical formular being CaMg(CO3)2
Occurrence
A product of bacterial forming process in various geological environments such as caves, limestones and soils.
Occurrence
- Post-depositional alteration of lime mud and limestone by magnesium rich ground water,
- Magnesium rich limestones containing manganese and Iron impurities.
Main physical properties
- White to colorless,
- Hexagonal crystallographic system,
- 3 planes of cleavage,
- Hardness 3 on Mohs scale
Main physical properties
- Whitish or colourless,
- Hexagonal (Triogonal) system,
- Perfect cleavage in 3 planes as for calcite,
- Hardness 3.5-4 on Mohs scale.
Main uses
- A chemical for reduction of soil acidity,
- A flux ingradient in metallurgy,
- Phamaceutical material.
Main uses
- Soil conditioner for reduction of soil Acidity,
- A flux ingradient in ore metallurgy,
- Manufacture of ceramics and bricks.
Typical mineral Crystal is;
Typical mineral Crystal is;
Illustrated uses:
Calcite
Massive dolomite
X
Y
A
B
D
C
ETC
Vegetable before (X) and afte use of Agricultural Lime (Y)
- Dolomitic lime for improvement of crop yield (A) andfor Potatoe farming, Malanethon firm, Ontario, Canada.
- Dolomite for cement production (C) and as masonry rubble material (D).

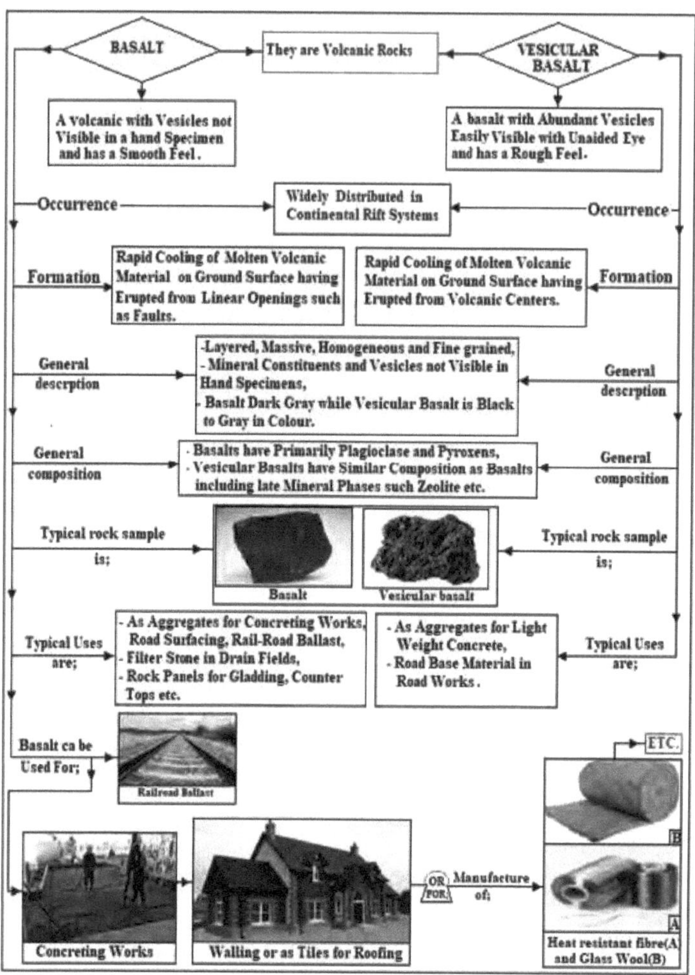

BASALT
They are Volcanic Rocks
VESICULAR BASALT
A Volcanic with Vesicles not Visible in a hand Specimen and has a Smooth Feel.
A basalt with Abundant Vesicles Easily Visible with Unaided Eye and has a Rough Feel.
Occurrence
Widely Distributed in Continental Rift Systems
Occurrence
Formation
Rapid Cooling of Molten Volcanic Material on Ground Surface having Erupted from Linear Openings such as Faults.
Rapid Cooling of Molten Volcanic Material on Ground Surface having Erupted from Volcanic Centers.
Formation
General descrption
-Layered, Massive, Homogeneous and Fine grained,
- Mineral Constituents and Vesicles not Visible in Hand Specimens,
- Basalt Dark Gray while Vesicular Basalt is Black to Gray in Colour.
General descrption
General composition
- Basalts have Primarily Plagioclase and Pyroxens,
- Vesicular Basalts have Similar Composition as Basalts including late Mineral Phases such Zeolite etc.
General composition
Typical rock sample is;
Basalt
Vesicular basalt
Typical rock sample is;
Typical Uses are;
- As Aggregates for Concreting Works, Road Surfacing, Rail-Road Ballast,
- Filter Stone in Drain Fields,
- Rock Panels for Gladding, Counter Tops etc.
- As Aggregates for Light Weight Concrete,
- Road Base Material in Road Works.
Typical Uses are;
Basalt ca be Used For;
Railroad Ballast
ETC.
OR FOR
Manufacture of;
B
A
Concreting Works
Walling or as Tiles for Roofing
Heat resistant fibre(A) and Glass Wool(B)

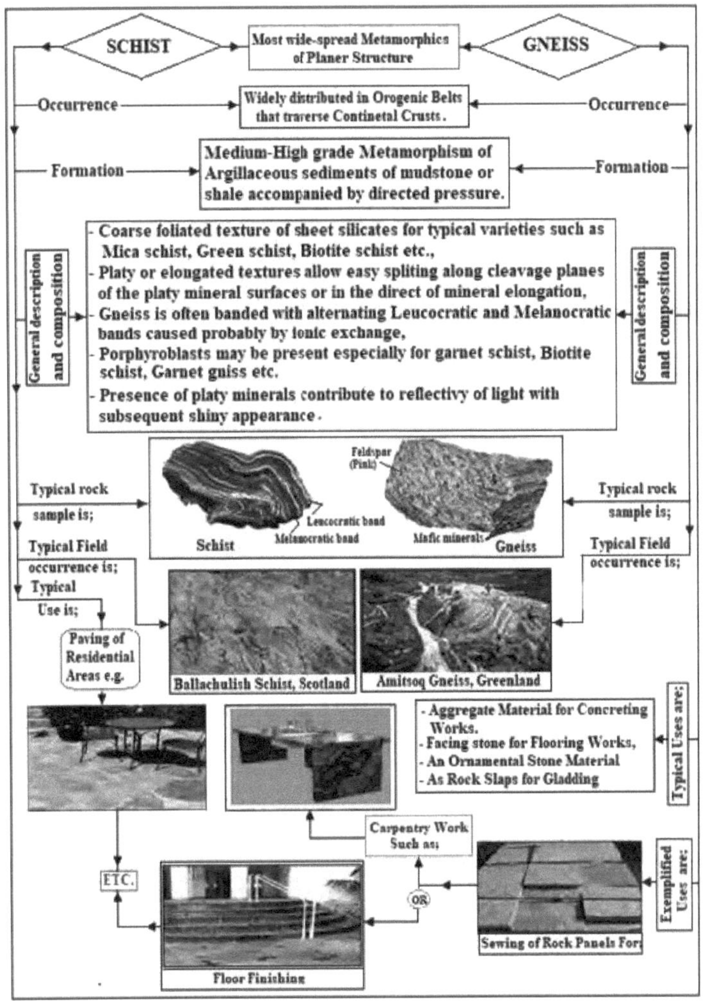

SCHIST
Most wide-spread Metamorphics of Planer Structure
GNEISS
Occurrence
Widely distributed in Orogenic Belts that traverse Continetal Crusts.
Occurrence
Formation
Medium-High grade Metamorphism of Argillaceous sediments of mudstone or shale accompanied by directed pressure.
Formation
General description and composition
- Coarse foliated texture of sheet silicates for typical varieties such as Mica schist, Green schist, Biotite schist etc.,
- Platy or elongated textures allow easy spliting along cleavage planes of the platy mineral surfaces or in the direct of mineral elongation,
- Gneiss is often banded with alternating Leucocratic and Melanocratic bands caused probably by Ionic exchange,
- Porphyroblasts may be present especially for garnet schist, Biotite schist, Garnet gniss etc.
- Presence of platy minerals contribute to reflectivy of light with subsequent shiny appearance.
General description and composition
Feldspar (Pink)
Leucocratic band
Melanocratic band
Schist
Mafic minerals
Gneiss
Typical rock sample is;
Typical rock sample is;
Typical Field occurrence is;
Typical Use is;
Typical Field occurrence is;
Paving of Residential Areas e.g.
Ballachulish Schist, Scotland
Amitsoq Gneiss, Greenland
- Aggregate Material for Concreting Works.
- Facing stone for Flooring Works,
- An Ornamental Stone Material
- As Rock Slaps for Gladding
Typical Uses are;
ETC.
Carpentry Work Such as;
OR
Sewing of Rock Panels For;
Exemplified Uses are;
Floor Finishing

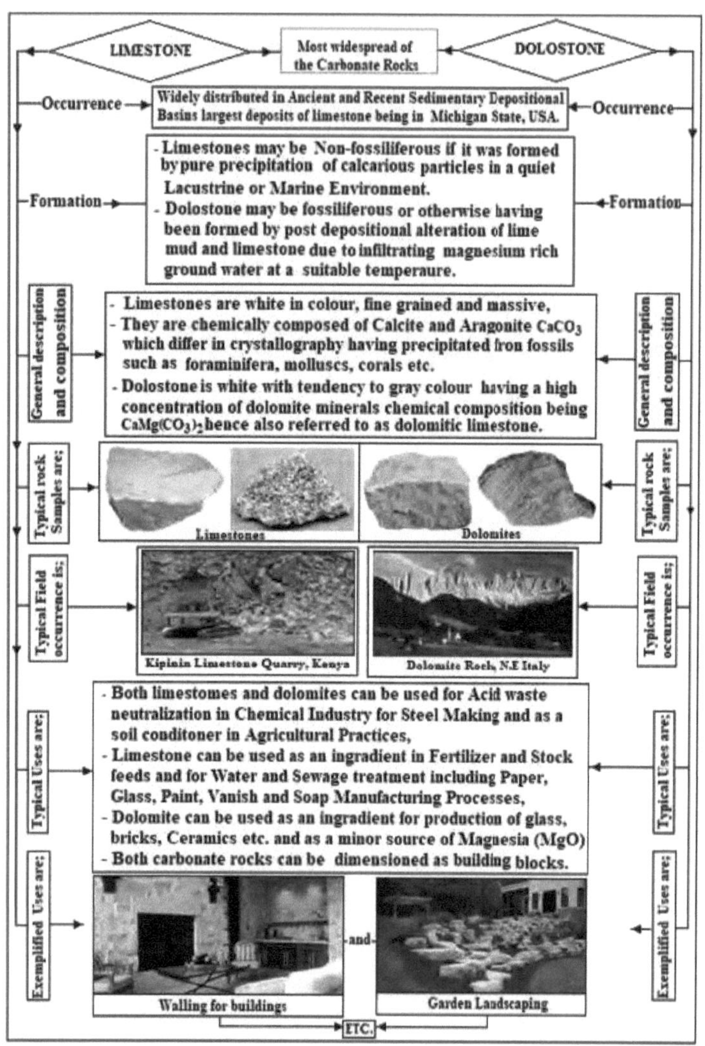

LIMESTONE
Most widespread of the Carbonate Rocks
DOLOSTONE

Occurrence
Widely distributed in Ancient and Recent Sedimentary Depositional Basins largest deposits of limestone being in Michigan State, USA.
Occurrence

Formation
- Limestones may be Non-fossiliferous if it was formed by pure precipitation of calcarious particles in a quiet Lacustrine or Marine Environment.
- Dolostone may be fossiliferous or otherwise having been formed by post depositional alteration of lime mud and limestone due to infiltrating magnesium rich ground water at a suitable temperaure.
Formation

General description and composition
- Limestones are white in colour, fine grained and massive,
- They are chemically composed of Calcite and Aragonite CaCO₃ which differ in crystallography having precipitated fron fossils such as foraminifera, molluscs, corals etc.
- Dolostone is white with tendency to gray colour having a high concentration of dolomite minerals chemical composition being CaMg(CO₃)₂ hence also referred to as dolomitic limestone.
General description and composition

Typical rock Samples are;
Limestones
Dolomites
Typical rock Samples are;

Typical Field occurrence is;
Kipinin Limestone Quarry, Kenya
Dolomite Rock, N.E Italy
Typical Field occurrence is;

Typical Uses are;
- Both limestomes and dolomites can be used for Acid waste neutralization in Chemical Industry for Steel Making and as a soil conditoner in Agricultural Practices,
- Limestone can be used as an ingradient in Fertilizer and Stock feeds and for Water and Sewage treatment including Paper, Glass, Paint, Vanish and Soap Manufacturing Processes,
- Dolomite can be used as an ingradient for production of glass, bricks, Ceramics etc. and as a minor source of Magnesia (MgO)
- Both carbonate rocks can be dimensioned as building blocks.
Typical Uses are;

Exemplified Uses are;
Walling for buildings
-and-
Garden Landscaping
Exemplified Uses are;

ETC.

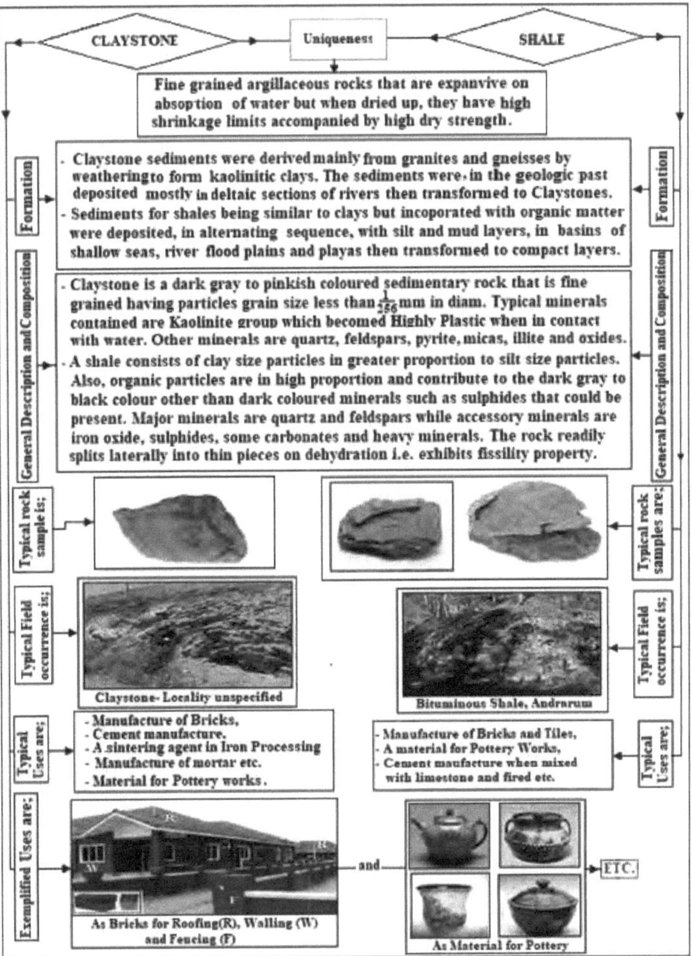

Fig. 3.1.1 (a): Comparações ilustrativas (acima das figuras) de minerais e rochas com ênfase nas principais utilizações

Por fim, a última ilustração mostra uma comunicação ilustrativa sinóptica típica de geologia aplicada para melhorar a assimilação de conhecimentos e competências técnicas efectivas em suporte impresso que enfatiza a aplicação de princípios geocientíficos e de engenharia a actividades mineiras e de infra-estruturas (Figs. 3.1.1 b-c); dando assim soluções amigáveis e ecológicas para a resolução de problemas como manuais de laboratório (Rop, Wangari e Namwiba, 2022; Rop, Seroni e Krop, 2020).

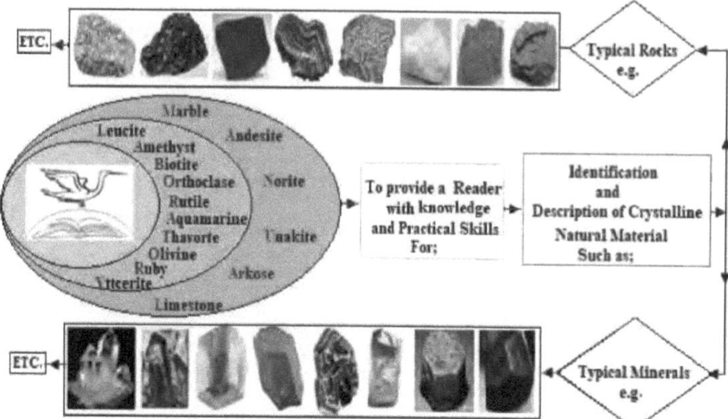

Fig. 3.1.1 (b): Comunicação ilustrativa típica do Manual de Laboratório para minerais e rochas

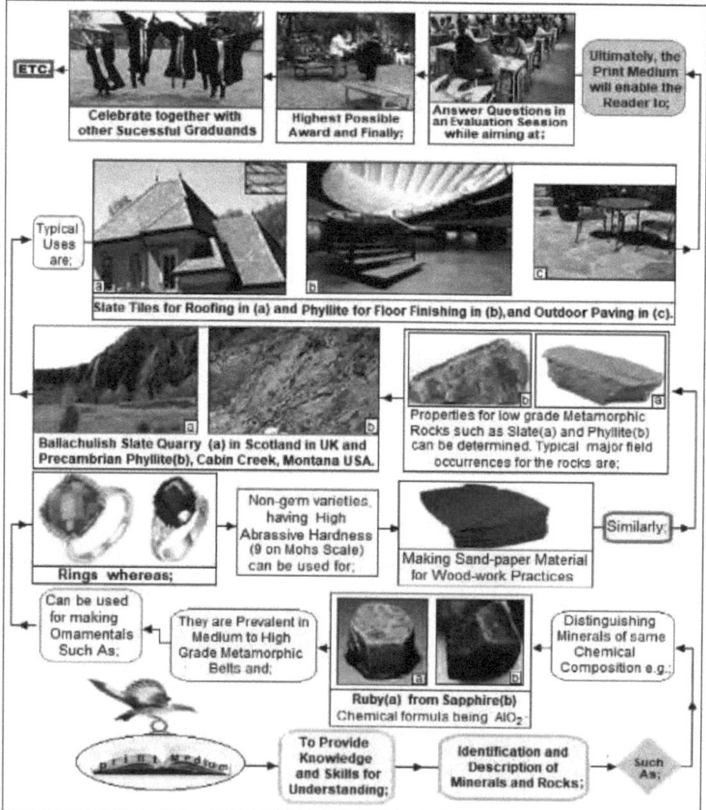

Fig. 3.1.1 (c): Comunicação ilustrativa típica para o reforço da assimilação de conhecimentos e competências positivas em suporte impresso.

8.5 Geologia Aplicada na Exploração Petrolífera

As diversas aplicações e utilizações versáteis do petróleo, que revolucionaram a evolução do mundo moderno, desempenham um papel importante no sector da energia. De facto, o aumento do consumo e a diminuição da sua oferta deram origem à crise do petróleo ou crise energética, uma vez que se trata de uma fonte de energia não renovável. É devido a este facto que o homem joga fortunas e luta com unhas e dentes em guerras pela posse do petróleo. Se ele fosse encontrado no corpo humano, por exemplo, não se imagina o conhecimento e a experiência que o homem teria descoberto na caça ao homem para adquirir o grande tesouro. As pessoas em todo o mundo estão muito preocupadas com o preço do petróleo; os países que podem estar em guerra tentam cortar o fornecimento de petróleo aos seus inimigos; países como o Canadá e os Estados Unidos estão preocupados em obter um fornecimento seguro de petróleo. Porque é que o mundo inteiro parece estar preocupado com o petróleo? Em que é que o petróleo difere de outros produtos de base transaccionados no mercado mundial, como o trigo, o peixe, o papel ou o aço, todos eles importantes para a nossa vida quotidiana? O interesse recente no sector queniano do petróleo e do gás a montante desenvolveu-se significativamente na sequência das descobertas de petróleo no Uganda, bem como das recentes descobertas de petróleo e gás offshore e onshore na região da África Oriental (Nyaberi e Rop, 2014; Rop, 2013). Este ímpeto intensificou-se após o anúncio da Tullow Oil, em 26 de março de 2012, de que ela e os seus parceiros Africa Oil e Centric Energy tinham descoberto petróleo no Quénia, na Bacia do Rift Terciário do Norte (Bacia de Lokichar), no Condado de Turkana.

Rop (2013) considera que "a exploração petrolífera é um trabalho árduo que envolve a interpretação e a integração de informações geocientíficas provenientes de fontes indirectas. A informação geológica de superfície nas bacias do Rift do Quénia, tanto onshore como offshore, é recolhida principalmente a partir de poços exploratórios, levantamentos geofísicos e registos de poços com fio. É necessária uma interpretação e análise meticulosas dos dados provenientes destas fontes para que as projecções relativas à probabilidade de combinações fonte-reservatório-selo numa área com condições de aprisionamento favoráveis possam levar à identificação de estruturas e locais prospectivos para perfuração de exploração. A avaliação da fonte de hidrocarbonetos baseia-se geralmente na quantidade de matéria orgânica (riqueza orgânica), na qualidade (tipo de querogénio) e na capacidade de geração de maturação térmica da matéria orgânica disseminada na rocha. O teor de matéria orgânica pode ser determinado diretamente a partir de análises laboratoriais das amostras de rocha de origem (xisto, calcário ou marga) e através de métodos indirectos baseados em dados de registo de poços por fio, como os do poço LT-1 na bacia de Lokichar."

8.5 Conceitos geoquímicos e riscos de exploração

O petróleo é uma mistura, dormente, de hidrocarbonetos com proporções variáveis de constituintes não hidrocarbonetos e vestígios de compostos organo-metálicos. As bacias sedimentares são o habitat do petróleo. É produzido sob a forma de gás ou de petróleo a partir da subsuperfície ou, ocasionalmente, à superfície, a partir das rochas reservatório porosas e permeáveis (Fig. 4.2 (a)).

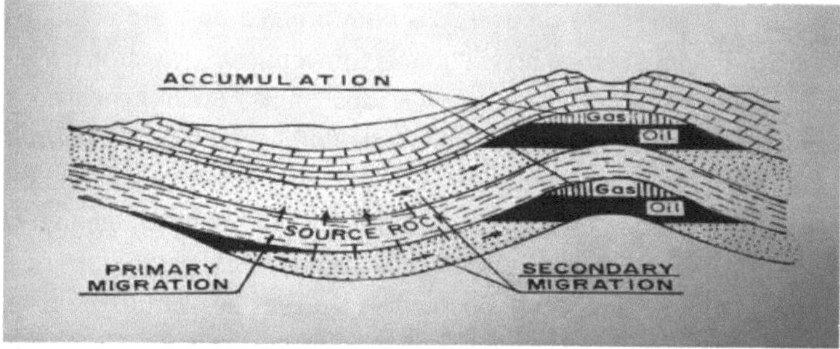

Fig. 4.2 (a): Migração e acumulação de petróleo e gás a partir das rochas geradoras

O petróleo é composto predominantemente pelos elementos hidrogénio (H) e carbono (C). Apresenta-se a seguir uma composição média do petróleo bruto (Fig. 4.2 (b)), juntamente com dados comparativos sobre os asfatos e a matéria orgânica dispersa insolúvel em solventes, denominada querogénio. A rocha geradora de petróleo é definida como o sedimento de grão fino com uma quantidade suficiente de matéria orgânica, que pode gerar e libertar hidrocarbonetos suficientes para formar uma acumulação comercial de petróleo ou gás (Rop, Mayik e Gach, 2023). As rochas geradoras são classificadas de acordo com a produção de petróleo em três classes, como se segue:

o Rochas geradoras imaturas que ainda não geraram hidrocarbonetos.

o Rochas-mãe maduras que estão em fase de geração.

o As rochas geradoras pós-maduras são aquelas que já geraram todos os hidrocarbonetos do tipo petróleo bruto.

As rochas geradoras de petróleo são, portanto, distinguidas em potenciais, possíveis e efectivas, como se segue:

• As rochas geradoras potenciais são rochas sedimentares imaturas capazes de gerar e expelir hidrocarbonetos, se o seu nível de maturidade fosse mais elevado.

• As possíveis rochas geradoras são rochas sedimentares cujo potencial de origem ainda não foi avaliado, mas que podem ter gerado e expelido hidrocarbonetos.

• As rochas geradoras efectivas são rochas sedimentares, que já geraram e expeliram hidrocarbonetos/petróleo.

	Oil	Asphalt	Kerogen
Carbon	84.5	84.0	79.0
Hydrogen	13.0	10.0	6.0
Sulphur	1.5	3.0	5.0
Nitrogen	0.5	1.0	2.0
Oxygen	0.5	2.0	8.0
	100.0	100.0	100.0

Fig. 4.2 (b): Composição do petróleo bruto

Admitindo que o querogénio é a matéria-prima do petróleo, o processo de formação do petróleo envolve a geração de compostos mais simples, relativamente ricos em hidrogénio, com diminuição de enxofre, azoto e oxigénio em relação ao carbono.

8.6 Posição paleogeográfica

É interessante notar que a posição paleogeográfica predominante da Bacia de Lokichar (o que é atualmente o norte do Quénia), onde foram feitas descobertas de petróleo pela Tullow, era muito a sul do Equador (Fig. 4.3) durante o período Triássico-Jurássico/Cretáceo. Vegetação luxuriante em terra, terrenos pantanosos, clima húmido e boa precipitação eram algumas das condições ambientais então prevalecentes. Com esta fonte, a matéria orgânica (MO) enterrada só poderia gerar o querogénio de tipo I ou III, cujo produto inicial poderia ser o crude ceroso ou o gás (Rop, 2013).

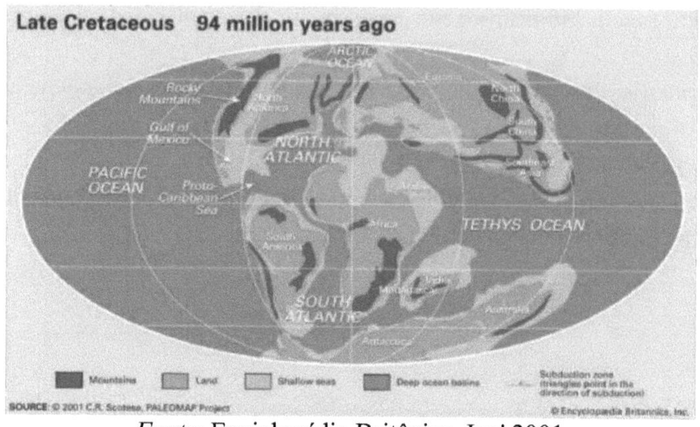

Fonte: Enciclopédia Britânica, Inc' 2001

Fig. 4.3: Posição paleogeográfica do Quénia no final do Cretáceo

O calor radiogénico dos sedimentos ricos em OM aumenta ainda mais o gradiente de temperatura, que é também mais elevado do que o gradiente geotérmico normal nas bacias de rift intracratónicas. Os xistos negros ricos em carbono (2% em peso de COT), bem como em urânio singénico (até 400 ppm), embora mais comuns nos sedimentos marinhos, podem também ser depositados noutros ambientes (lacustres) biologicamente produtivos e anóxicos. A sedimentação rápida, juntamente com a subsidência da bacia, impede a oxidação da matéria orgânica e preserva-a para uma possível geração de hidrocarbonetos (Rop, 2012; Rop e Patwardhan, 2013). A sedimentação nestas bacias de rift intracratónicas na Bacia de Lokichar foi controlada por falhas intrabasinais e marginais, algumas das quais atingiram também o subsolo (Fig. 4.4).

Normalmente, as bacias intracratónicas deste tipo são pouco promissoras para a exploração de hidrocarbonetos, mas contêm rochas reservatório potenciais adequadas, que podem reter quaisquer hidrocarbonetos gerados pela matéria orgânica principalmente continental enterrada nos sedimentos. Existem, no entanto, alguns exemplos (1,5 por cento das reservas mundiais comprovadas) de bacias intracratónicas geradoras de hidrocarbonetos deste tipo (Rop, 2012; 2013).

As características litológicas do subsolo dão uma indicação clara de que a sedimentação, se é que ocorreu durante o Cretáceo ou em épocas mais antigas, deve ter-se restringido a sub-bacias mais pequenas que só podem ser demarcadas por dados geofísicos. O levantamento sísmico é uma ferramenta útil para a exploração, pois ajuda a cobrir grandes áreas e a mapear as unidades estratigráficas da rocha subsuperficial, revelando também as características físicas como o grau de compacidade, rigidez, porosidade e permeabilidade.

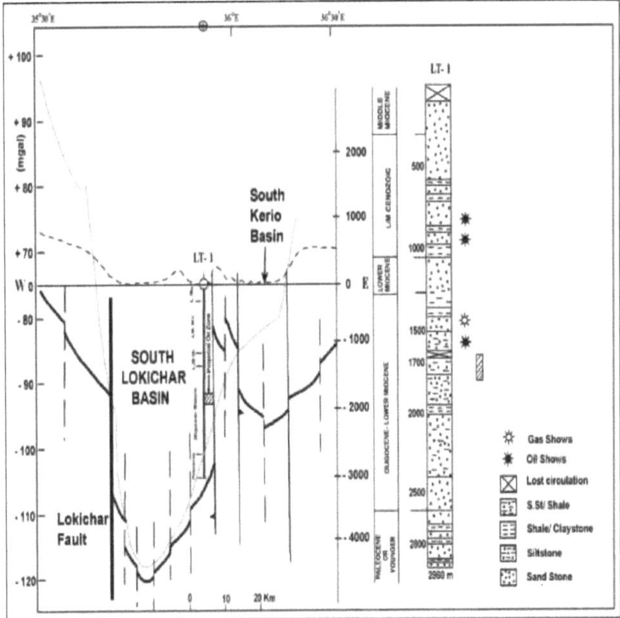

Fig. 4.4: Secção transversal do poço LT-1 mostrando as mostras de petróleo e gás, a profundidade do subsolo e as curvas de gravidade Bouguer (Rop, 2012; Rop e Patwardhan, 2013).

REFERÊNCIAS

Long, K.R., Van Gosen, B.S., Foley, N.K., e Cordier, D, (2010). Os principais depósitos de elementos de terras raras dos Estados Unidos: Um resumo dos depósitos nacionais e uma perspetiva global: U.S. Geological Survey Scientific Investigations, Report 2010 -5220,96 p.

Mariano, A. N. (1989a). Geologia económica dos elementos de terras raras. In: Geochemistry and Mineralogy of Rare Earth Elements (editado por Lipin, B. R. e McKay, G. A.) pp309-337. Reviews in mineralogy 21, Mineralogical Society of America, Washington, D.C.

Mariano, A.N.(1989b). Natureza da mineralização económica em carbonatitos e rochas afins. In: Carbonatites, Génese e Evolução (editado por Bell, K.) ppl49-176. Unwin Hyman, Londres.

McCall, G. J. H. (1958). Geologia da área de Gwasi. Relatório 45, 88p. Serviço Geológico, Quénia.

Mulusa,G.I. (2014). Efeitos da intrusão de água do mar na química das nascentes de água quente: Um estudo comparativo entre as nascentes termais de Majimoto na costa sul do Quénia e as nascentes termais de Bogoria no Vale do Rift, tese de mestrado, não publicada.

Odek, A. (2012). Mapeamento da fonte de calor geotérmico em Homa Hills usando técnicas de gravidade, Relatório de tese do MSC não publicado.

Ondieki, J. O. (2020). Mapeamento de minerais radioativos usando sensoriamento remoto: Um estudo de caso de Mrima Hill Kwale County, Quénia

Onuonga, I.O. (2000). Mineralização de lantanídeos de fonte quente e supergénica no Centro de Carbonatitos de Buru, Quénia Ocidental Mineralogical Magazine, agosto de 2000, Vol. 64(4), pp. 663-673

Patwardhan, A.M. (1999). The Dynamic Earth Sysytem, Prentice-Hall of India Publishers, 4th Ed. ISBN-13: 978-9388028738.

Nevolko, P.A., T.V.Svetlitskaya, The HauNguyen, Thi DungPham, P.A.Fominykh, Trong HoaTran, Tuan AnhTran e R.A.Shelepaev (2022). Gênese do depósito de tungstênio Thien Ke, Nordeste do Vietnã: Evidências da composição mineral, inclusões de fluidos, sistemática de isótopos S-O e idades de zircão U-Pb. Revisões Volume 143, abril de 2022, 104791.

Nyaberi, D. M. e Rop, B. K. (2014): Perspectivas petrolíferas da Bacia de Lamu, Sudeste do Quénia. Journal of the Geological Society of India, Volume 83, pp. 414-422.

Rop, B.K., Mayik, D.A. e Gach, G.K. (2023). Caracterização das Rochas de Origem Petrolífera: LT-1 Well Northern Kenya. Verlag/Publisher: LAP LAMBERT Academic Publishing ISBN 978-620-6-15177-7.

Rop, B. K., Wangari, J. K. e Namwiba, W. N. (2022): Fundamentals of Laboratory Practices in Mineralogy and Petrology (Fundamentos das Práticas Laboratoriais em Mineralogia e Petrologia): Mineralogy and Petrology (A Handbook for Comparative Studies) 216p. Verlag/Publisher: Scholar's Press ISBN-13: 978-613-8-96862-7.

Rop, B.K. e Namwiba, W.H. (2019): Geologia Aplicada na Prática da Construção: Um companheiro para o desenvolvimento de infra-estruturas 692p. Verlag/Publisher: Scholar's Press ISBN 978-613-8-83476- 2.

Rop, B.K. e Namwiba, W.H. (2018). Fundamentos de Geologia Aplicada: Abordagem de Competência e Avaliação, 697p. Verlag, Editora: LAP LAMBERT Academic Publishing ISBN 978- 613-9-57896-2.

Rop, B.K., Seroni, A. e Krop, I. (2020). Impactos Económicos da MAPE no Condado de Taita Taveta, Quénia: Gemstones Mining 129p. Verlag/Publisher: LAP LAMBERT Academic Publishing, ISBN 978-620-2-51546-7.

Rop, B.K. (2013). Prospectividade de Petróleo e Gás: Noroeste do Quénia

(Eds. Revisto), 153 p. Verlag/Publisher: LAP LAMBERT Academic Publishing ISBN 978-3-659-49008-8.

Rop, B.K. (2013): Perspectivas Petrolíferas sob a Bacia de Lotikipi, Noroeste do Quénia. Revista Africana de Educação, Ciência e Tecnologia, Nov/Dez 2013, Vol. 1, No. 3, pp. 7-18.

Rop, B.K. e Patwardhan A. M. (2013): Estudo de Avaliação de Hidrocarbonetos de Rochas de Origem da Bacia de Lokichar, Noroeste do Quénia. Jornal da Sociedade Geológica da Índia, Volume 81, pp. 575-580.

Rop, B. K. (2013): Potencial petrolífero da bacia de Chalbi, NW do Quénia. Jornal da Sociedade Geológica da Índia, Volume 81, pp. 405-414.

Rop, B.K. (2012): Características de Hidrocarbonetos das Rochas de Origem no Poço Loperot-1, NW Quénia. Jornal da Associação das Sociedades Profissionais da África Oriental, Vol. 4, pp. 5 - 8.

Rop, B.K. (2011): Vulnerabilidade a Desastres de Deslizamento de Terra no Quénia Ocidental e Opções de Mitigação: A Synopsis of Evidence and Issues of Kuvasali Landslide. Journal of Environmental Science and Engineering (EUA), Vol. 5, N.º 1, janeiro de 2011, N.º de Série 38, pp. 110 - 115.

Shreyasaha. (2018). Maji moto camp, Kanya safaris https://www.travelwithshreya.com/kenya-safari-maji-moto-eco-camp/

Tole, M. P. 1992. Estudos geoquímicos dos sistemas geotérmicos no Quénia: II. O campo geotérmico de Majimoto. Journal of African Earth Sciences (and the Middle East), 14, 387-391.

Tole, M. P. 2003. As fontes termais de Mwananyamala, a nordeste da colina de Jombo, província da Costa, Geothermics, Volume 19, 233-239.

USGS. (2014).The Rare-Earth Elements: Vital to Modern Technologies and Lifestyles (Vital para as tecnologias e estilos de vida modernos) https://pubs.usgs.gov/fs/2014/3078/pdf/fs2014-3078.pdf

I want morebooks!

Buy your books fast and straightforward online - at one of world's fastest growing online book stores! Environmentally sound due to Print-on-Demand technologies.

Buy your books online at
www.morebooks.shop

Compre os seus livros mais rápido e diretamente na internet, em uma das livrarias on-line com o maior crescimento no mundo! Produção que protege o meio ambiente através das tecnologias de impressão sob demanda.

Compre os seus livros on-line em
www.morebooks.shop

Printed by Books on Demand GmbH, Norderstedt / Germany